IRS D'ÉDUCATION ET D'INSTRUCTION

DEUXIÈME ANNÉE PRÉPARATOIRE

HISTOIRE NATURELLE

LEÇONS PRÉPARATOIRES

A L'ÉTUDE DE L'HYGIÈNE

PAR

Mme MARIE PAPE-CARPANTIER

AVEC LA COLLABORATION

de **M.** et de **Mme CH. DELON**

DOUZIÈME ÉDITION

PARIS

LIBRAIRIE HACHETTE ET Cie

79, BOULEVARD SAINT-GERMAIN, 79

1 fr.

HISTOIRE NATURELLE

LEÇONS PRÉPARATOIRES

A L'ÉTUDE DE L'HYGIÈNE

COULOMMIERS

Imprimerie Paul BRODARD.

COURS D'ÉDUCATION ET D'INSTRUCTION

DEUXIÈME ANNÉE PRÉPARATOIRE

HISTOIRE NATURELLE

LEÇONS PRÉPARATOIRES

A L'ÉTUDE DE L'HYGIÈNE

PAR

Mme MARIE PAPE-CARPANTIER

AVEC LA COLLABORATION

de M. et de Mme CH. DELON

DOUZIÈME ÉDITION

PARIS

LIBRAIRIE HACHETTE ET Cie

79, BOULEVARD SAINT-GERMAIN, 79

1908

HISTOIRE NATURELLE.

LE RÈGNE ANIMAL.

INTRODUCTION.

Supposons, mes enfants, qu'une personne vienne à la classe et vous dise : « Je vous apporte une foule de petits objets de toute sorte. J'ai des cubes de différentes couleurs, des baguettes pour vos dessins, des billes, des crayons, des cahiers, des plumes; puis des graines pour semer dans vos jardinets; des noisettes, des amandes pour votre collation. Tout cela est pêle-mêle dans un grand sac : prenez, tout est pour vous. » Que feriez-vous d'abord?

Vous commenceriez par vider le sac, puis vous feriez le triage de toutes ces choses. Vous

mettriez les cubes avec les cubes, les baguettes avec les baguettes, les graines avec les
graines, faisant ainsi autant de groupes qu'il
y aurait de genres d'objets. Et si je vous de-
mandais pourquoi vous faites cela? vous me
répondriez : « C'est pour mettre les choses en
ordre, afin de mieux connaître toutes nos ri-
chesses. »

C'est ainsi, en effet, qu'il faut faire, mes enfants, car il faut de l'ordre en toute chose.

Donc pour nous reconnaître parmi les choses
diverses qui nous entourent, il faut les disposer par *groupes;* et ne mettre dans le même
groupe que des choses semblables. Ainsi voyez
ce que nous faisons en arithmétique : nous
réunissons les nombres de même espèce, les
unités simples avec les unités simples, les dizaines avec les dizaines, les centaines avec les
centaines. Disposer par groupes les choses semblables, cela s'appelle *classer*, parce que le mot
classe veut dire réunion, groupe; une classe
d'écoliers est la réunion de tous les enfants qui
étudient ensemble.

Vous aimeriez beaucoup, n'est-ce pas, à connaître les animaux, leur forme, leur manière
de vivre. Mais il y en a tant d'espèces diverses

que nous pourrions les confondre dans notre esprit; il faut donc absolument que nous les classions. Après avoir examiné un animal nous le comparerons à ceux que nous connaissons déjà, et nous le mettrons dans le même groupe que ceux auxquels il ressemble. Puis nous donnerons un nom à ce groupe; ce sera disionsnous, l'année dernière, comme un nom de famille, qui exprimera les traits communs aux animaux dont chaque groupe se compose.

Qu'est-ce que *classer*?
A quoi est-ce utile?
Quels animaux faut-il mettre dans un même groupe?
Faut-il toujours, quand on veut former des groupes, réunir les choses de même espèce?

LES MAMMIFÈRES.

I. Les carnivores.

Vous vous souvenez que nous avons déjà classé par groupes les animaux que vous connaissez. Ainsi nous avons réuni sous le nom de *mammifères* tous ceux qui allaitent leurs petits; puis nous avons fait une autre classe avec les *oiseaux*;

une troisième avec les *reptiles ;* une quatrième avec les *batraciens ;* une cinquième avec les *poissons ;* une sixième avec les *insectes.* Nous avons formé chacune de ces grandes classes par la réunion de groupes plus petits ; nous allons continuer de même cette année. Occupons-nous d'abord des mammifères.

Commençons par les mammifères féroces. Nous leur avons donné le nom de *carnivores,* c'est-à-dire : mangeurs de chair. Nous avons observé, parmi ceux-là, le chat et le chien, qui de sauvages sont devenus domestiques. Les animaux qui ont besoin de manger de la chair pour vivre doivent nécessairement *chasser* pour saisir les animaux dont ils font leur nourriture, leur proie. Et que leur faut-il pour être bons chasseurs? Il leur faut des yeux perçants, qui voient de loin et dans la nuit, pour apercevoir le gibier ; l'odorat très fin pour suivre le gibier à la piste ; des jambes agiles pour le poursuivre ; des griffes pour le saisir, enfin de grandes dents incisives et canines pour déchirer et manger la chair crue. Eh bien, les carnivores ont tout cela. Chaque fois que nous rencontrerons un animal ainsi armé, nous le rangerons donc parmi les carnivores.

Voyez le tigre : il ressemble au chat; mais quel chat!... haut comme vous, et long à proportion; une grosse tête, une gueule énorme, avec des canines longues comme votre petit doigt; des yeux brillants comme ceux d'un gros matou en colère; des jambes vigoureuses qui

Le tigre.

lui permettent de grimper sur les arbres, et de bondir sur l'animal qu'il a guetté; des pattes armées d'énormes griffes, qu'il allonge quand il en a besoin, et qu'il rentre habituellement pour ne pas les user en marchant; son poil fauve et court, rayé de grandes bandes noires. Oh! bien certainement l'envie de jouer avec lui ne vous viendrait pas, même si vous le voyiez tranquillement couché, et passant sa patte par-dessus ses longues moustaches, à la manière de notre minet. Vous auriez bien raison, car ce carnivore est une bête extrêmement féroce.

Le lion, vous allez le voir, est de la même

Le lion.

famille que le tigre. Aussi long que lui, il a les jambes un peu plus hautes. Il est si fort qu'il emporte un bœuf comme le loup emporte un mouton. Le lion n'a pas de rayures sur sa *robe;* mais il a sur la tête et sur le cou, une épaisse crinière de longs poils fauves, qui lui donne un air terrible; la lionne, elle, n'a pas de crinière. Vous trouverez sans doute que le lion ressemble moins au chat que le tigre; mais regardez bien; ses pattes, ses griffes, ses dents, sont encore faites comme celles du chat.

Ces animaux si redoutables vivent dans les grandes forêts, et près des déserts des pays chauds, en Asie, en Afrique; il n'y en a point dans les pays tempérés.

Les carnivores féroces les plus communs dans les pays tempérés et dans les pays froids, sont le loup et le renard. Ils ressemblent tellement au chien que, si ce n'était son air farouche, on prendrait presque le loup pour un grand *mâtin* efflanqué, et le renard pour un chien plus petit. Ils vivent, comme vous le savez, dans les forêts, et chassent surtout la nuit. Le renard dévaste les basses-cours; le loup s'attaque aux moutons. Les griffes de ces carnivores ne sont pas aiguës comme celles des chats, elles ne sont pas non plus *rétractiles,* c'est-à-dire qu'elles ne peuvent pas s'allonger et se retirer comme celles des chats, à la volonté de l'animal.

Que font les *carnivores* pour trouver leur nourriture?

Quelles sont les dents particulières aux carnivores?

A quoi servent les dents canines?

Faites la description du tigre, du lion.

En quoi ces animaux ressemblent-ils au chat?

Citez des animaux féroces qui ressemblent au chien.

Où vivent les loups? De quels animaux font-ils ordinairement leur proie?

Quelle est la proie que chassent les renards?

En quoi ces animaux diffèrent-ils surtout de ceux qui ressemblent au chat?

II. Les ruminants.

Maintenant voyons les animaux plus pacifiques, ceux qui vivent de l'herbe des prairies, du feuillage des arbres, et que l'année dernière, nous avons appelés à cause de cela, les animaux *herbivores*. Ceux-là n'ont pas de dents canines, ils n'en ont pas besoin; ils ont, au devant de la bouche, des dents tranchantes pour couper l'herbe, et au fond de la bouche de grosses dents larges, qu'on appelle des molaires, pour la broyer.

Tous les animaux qui mangent de l'herbe ne se ressemblent pas. Du premier coup d'œil vous reconnaissez qu'un cheval ne ressemble pas à un bœuf; mais il y a entre ces deux animaux une autre différence encore que la forme; une différence qui ne se voit pas extérieurement, et dont nous allons vous parler, parce qu'elle est très importante.

Croiriez-vous, mes enfants, que ces animaux qui nous sont si familiers, le bœuf, la vache, le mouton, la chèvre, ceux-là que nous appelons nos bestiaux, ont dans leur organisa-

La vache.

tion quelque chose de vraiment extraordinaire? — Quoi donc ? — *Ils mangent leur nourriture en deux fois!* Écoutez l'explication de ce phénomène.

Vous voyez la chèvre brouter l'herbe le long de la haie. Avec ses dents de devant elle coupe les brins d'herbe, puis elle les avale en hâte presque sans les mâcher. Vous pensez sans doute qu'après les avoir ainsi avalés elle n'a plus qu'à les digérer; mais non, cette herbe, qui n'a pas été mâchée suffisamment, va d'abord dans une poche qui est comme le vestibule de l'estomac de la chèvre. Quand cette poche est remplie, la chèvre fait revenir l'herbe dans sa bouche par petites portions. Elle la mâche alors avec ses dents *molaires*, celles du fond de la bouche; puis elle l'avale une seconde fois, et définitivement. Vous voyez donc bien qu'elle mange sa nourriture en deux fois.

Manger en deux fois, cela s'appelle *ruminer*.

Le bœuf, la vache, le mouton, la brebis, ruminent absolument comme la chèvre.

Ces bêtes à cornes ou à laine ne sont pas les seules qui ruminent. Dans les forêts vivent des animaux dont les cornes au lieu de ressembler à celles du bœuf, sont rameuses comme des branches d'arbustes. Aussi appelle-t-on ces sortes de cornes des *bois*. Parmi ces animaux-là sont les cerfs, grands à peu près comme des ânes, et qui ont les jambes minces et agiles; et les chevreuils, qui ressemblent aux cerfs, mais ne sont pas plus grands que les chèvres. Ces animaux sont *sauvages*, ce qui veut dire sim-

plement qu'ils s'enfuient à l'approche de l'hom-
me; mais ils ne sont pas *féroces*.

Dans les pays très froids vivent en grand
nombre d'autres animaux qui ressemblent aussi
au cerf : ce sont les rennes. Les rennes ont

Le cerf.

été domestiqués par les hommes qui habitent
ces contrées. Ils traînent les chariots comme
les chevaux et les bœufs, et donnent du lait
comme les vaches.

Il existe dans les pays chauds un autre animal ruminant très utile : c'est le chameau. Le

chameau n'a ni cornes, ni bois; sa tête est petite et allongée, son cou est long et recourbé;
ses jambes sont longues et maigres; il a sur le
dos deux grosses bosses de chair et de graisse.

Le chameau est doux et patient comme l'âne;

Le chameau.

il porte de lourdes charges. Il garde dans son
estomac de quoi boire pendant plusieurs jours;
ce qui lui permet de traverser les déserts, ces
grandes plaines arides où il n'y a pas d'eau.
Aussi le chameau est-il précieux aux hommes
qui sont obligés de parcourir ces régions.

Ces animaux, que nous rangeons tous dans le même groupe, parce qu'ils sont tous organisés pour ruminer, ont un signe extérieur qui aide à les reconnaître sur-le-champ : ils ont tous le pied fourchu, comme on vous l'a dit l'année dernière, c'est-à-dire que le sabot de corne qui termine leur pied est fendu en deux parties.

Qu'est-ce que *ruminer?*
Citez les animaux domestiques ruminants.
Les cerfs sont-ils des ruminants?
Comment nomme-t-on leurs cornes?
Décrivez le chameau.
Où vit-il? Est-ce un ruminant?
A quoi peut-on reconnaître les animaux ruminants?

III. Les jumentés.

Vous verrez, mes chers enfants, rien qu'en regardant le sabot du cheval et celui de l'âne, et en remarquant qu'il est fait d'une seule pièce, que ces animaux ne ruminent pas, bien qu'ils se nourrissent d'herbe. Cependant ils ont sur le devant de la bouche des dents tranchantes, et au fond, de grosses dents molaires comme les ruminants.

L'âne ressemble beaucoup au cheval, mais cet animal n'est pas une espèce de cheval, comme on le dit quelquefois. Il a le poil plus long que celui du cheval, et sa crinière est plus courte; ses oreilles sont plus longues, et sa queue n'est pas aussi fournie de crins. Il faut vous habituer, mes enfants, à faire ces comparaisons vous-mêmes; c'est ainsi que vous parviendrez à bien juger non-seulement les animaux, mais toutes les choses.

Vous savez à quoi nous servent les chevaux et les ânes? Ce sont des *bêtes de somme*, c'est-à-dire des bêtes qui portent des fardeaux : on appelle le groupe auquel ils appartiennent le groupe des *jumentés*, mot qui veut dire exactement *bêtes de somme*.

Le cheval et l'âne ruminent-ils ?
Ont-ils le *sabot* fendu?
Comment sont faites leurs dents?
Décrivez le cheval.
En quoi l'âne diffère-t-il du cheval?
Quel nom donne-t-on à ce groupe?
Que veut dire le mot *jumentés* ?

IV. Les porcins.

Il est un autre animal que vous avez dû voir à la ferme : un animal qui est gros, gras, porté

sur des jambes courtes; dont la peau est couverte de poils longs et raides qu'on appelle des
soies; il a le museau allongé, les yeux petits
à demi recouverts de grandes oreilles pendan
tes. Il est brusque, avide de nourriture. Sa
voix est un grognement. Cet animal, qui
nous est très utile, et qui vit de tous les

Le porc.

débris que les autres animaux ne voudraient pas
manger, vous l'avez déjà deviné : c'est le porc.

Dans quel groupe mettrons-nous le porc? Il
diffère trop des animaux dont nous venons de
parler pour que nous le rapprochions d'eux;
nous le mettrons à part, et nous appellerons ce

groupe que nous commençons à former, celui
des *porcins*. Je n'ai pas besoin de vous dire pourquoi : le nom de *porc* explique celui de *porcins*.

Il y a dans les forêts un animal sauvage qu'on
appelle le *sanglier*. Il ressemble beaucoup au
porc, mais il est plus maigre, et ses jambes
sont plus hautes. Ses soies, de couleur noire,
sont plus raides et plus fournies que celles du
porc; puis il lui sort, de chaque côté de la
gueule, deux longues dents recourbées qu'on
appelle ses *défenses*. C'est un animal farouche,
et terrible quand il est en colère. Nous le clas-
sons, bien entendu, dans le groupe des porcins.

Décrivez le porc.
Connaissez-vous un animal sauvage qui ressemble au
porc?
Qu'appelle-t-on les défenses du sanglier?
Comment nomme-t-on les animaux qui ressemblent au
porc ?

V. Les rongeurs.

C'est pour mémoire seulement que nous rap-
pellerons le groupe des rongeurs, dont les lapins et les lièvres, ainsi que les souris et les
rats font partie. Les animaux de cette classe

sont faciles à reconnaître, à cause de leurs longues dents incisives qui s'avancent presque en
dehors de leur bouche. Nous citerons encore
dans ce groupe le gentil écureuil, qui vit dans

Ecureuil.

les bois, où il se nourrit de châtaignes et de
noisettes. Son poil est roux ; il a une longue
queue en panache, et des oreilles terminées par
un petit pinceau de poils. Il est vif et léger, et
il se bâtit un nid dans les arbres, presque comme
les oiseaux.

Qu'est-ce que les dents des rongeurs ont de remarquable?

Citez des animaux du groupe des **rongeurs**.
Décrivez l'écureuil.
Où vit-il?
De quoi se nourrit-il?
Se fait-il un nid dans les arbres?
Citez quelques-uns des groupes qui forment la classe des *mammifères*.

RÉSUMÉ DE LA CLASSE DES MAMMIFÈRES

Dans la grande classe des Mammifères nous avons donc appris à connaître le groupe des *carnivores*, celui des *ruminants*, puis ceux des *jumentés*, des *porcins* et des *rongeurs*. Il y a encore plusieurs autres groupes à réunir à ceux-là pour compléter la grande classe des mammifères, et parmi eux des animaux très curieux, dont nous parlerons l'année prochaine.

LES OISEAUX.

I. Les rapaces.

De tous les animaux, ceux qui vous plaisent le plus, mes enfants, ce sont sans doute les *oiseaux*. C'est si joli d'avoir des ailes, et de voler bien haut, bien haut par dessus les arbres et les maisons! de traverser les champs sans suivre les chemins, et de passer les fleuves sans bateau ! Eh bien, croiriez-vous que, parmi les oiseaux, il y en a de *féroces*, des *mangeurs de chair*, aussi bien que parmi les bêtes des forêts ?

Vous avez entendu parler de l'*aigle ;* vous

L'aigle.

n'en avez sans doute jamais vu, car il n'y en a pas beaucoup dans notre pays ; mais nous allons vous le dépeindre. L'aigle est un grand oiseau extrêmement fort et vorace. Ses plumes sont brun foncé ; il a de grandes ailes, et vole si haut qu'il s'élève jusque dans les nuages. Il fait son nid dans les montagnes, aux endroits les plus sauvages; on appelle le nid de l'aigle une *aire*. Ses pattes ont quatre doigts armés d'ongles durs et crochus, on les nomme des *serres*. Son gros bec est recourbé et tranchant. Il emporte, pour les manger, toute sorte de petits animaux sans défense : des poulets, des lapins, des pigeons, des agneaux. L'aigle est un oiseau de proie.

Souvent, le soir, quand on traverse les lieux écartés, on entend tout à coup un « hou-hou! » plaintif; puis on voit passer un gros oiseau de couleur sombre, qui vole sans faire aucun bruit, et dont les yeux brillent dans l'ombre comme ceux des chats. Cet oiseau, c'est un hibou.

Le hibou est aussi un oiseau de proie.

Le hibou a comme l'aigle, un gros bec recourbé, et des *serres*. Il voit clair dans l'obscurité; aussi ne chasse-t-il que pendant la nuit. Il se nourrit de rats, de souris, et de toute sorte de petites bêtes nuisibles; il nous rend donc service, et il ne faut pas le détruire. Il ne faut pas non plus en avoir peur; ce serait ridicule, parce qu'il n'est point méchant, et ne cherche point à nous faire du mal

L'aigle et le hibou ont quelque chose de commun, c'est leur manière de se nourrir : tous les deux mangent de la chair et sont armés pour la chasse. A cause de cela on les réunit, ainsi que tous les oiseaux qui ont la même

Le hibou.

manière de se nourrir, dans un même groupe, qu'on appelle les *rapaces*, ce qui veut dire : oiseaux *de proie*.

Comment appelle-t-on les oiseaux qui vivent de proie ?
Que veut dire le mot *rapace?*
Citez un rapace qui chasse le jour.
Quelle est la forme du bec et des *serres* de l'aigle?
Comment se nomme le nid de l'aigle ?
Citez un *rapace* de nuit.
Qu'est-ce que le hibou a de remarquable?

Quels animaux chasse-t-il?
Est-il nuisible?

II. Les passereaux.

Nos gentils *passereaux*, si faciles à reconnaître à leur petite taille, à leur bec effilé, à leurs
jambes grêles et à leurs pattes aux longs doigts
armés d'ongles aigus; ces petits musiciens ailés
des jardins et des bois, si joyeux, si affairés au
printemps, dans la saison des nids, que deviennent-ils pendant l'hiver? Quand la neige tombe,
on ne les voit plus, on ne les entend plus chan-
ter sur les branches. Où sont-ils? Ne vous êtes-
vous pas demandé cela quelquefois, mes enfants?

Eh bien, ils sont partis! Quand vient le froid,
presque tous s'en vont au loin, dans des pays
plus chauds que le nôtre, où ils trouvent encore de beaux jours, tandis que nous avons des
jours froids et sombres. Puis, au printemps, ils
reviennent dans nos bois. Le voyage est quelquefois long pour leurs petites ailes; pour les
hirondelles surtout, qui font les plus lointains
voyages. Mais tous les passereaux ne vont pas
aussi loin.

Quelques petits oiseaux même ne s'éloignent
pas : les moineaux, les rouges-gorges, restent

dans notre pays. Ils viennent parfois frapper aux vitres avec leur bec ; et si la croisée est ouverte, ils entrent, ils dérobent une miette de pain, puis s'envolent : car il leur faut la liberté des champs.

L'hirondelle

Les oiseaux du groupe des passereaux nous sont fort utiles : ils détruisent, pour s'en nourrir, certains insectes, qui nuiraient aux récoltes s'ils étaient en trop grand nombre. Ce serait donc une ineptie, en même temps qu'une action cruelle, de tuer ces petits oiseaux, ou de détruire leurs nids.

A quoi reconnaît-on les passereaux?
Que deviennent les passereaux pendant l'hiver?
Tous les passereaux voyagent-ils?
Citez ceux qui font les plus lointains voyages.
Citez quelques-uns de ceux qui ne voyagent pas.

III. Les gallinacés.

Vous avez tant de fois vu le coq avec ses longues plumes brillantes, sa queue en pana-

Le faisan.

che, sa crête rouge et son air batailleur; et la poule promenant sa couvée de petits poussins, que nous ne vous en parlerons plus.

Nous ne ferons que vous rappeler l'ordre des

gallinacés, en ajoutant aux oiseaux de cet ordre que vous connaissez déjà : les faisans, qui vivent sauvages dans les bois, et les perdrix, qui vivent par compagnies dans nos champs, où elles nichent entre les sillons. Nous vous ferons en même temps remarquer que c'est parmi ces gros oiseaux au vol lourd, que nous trouvons la plupart de nos oiseaux domestiques.

Décrivez le coq, la poule.
Comment nomme-t-on les oiseaux qui ressemblent au coq et à la poule? Citez quelques gallinacés.

IV. Les palmipèdes.

Vous avez déjà observé, mes enfants, que lorsqu'un animal est destiné à vivre d'une certaine manière, il est formé et constitué ainsi qu'il le faut pour le genre de vie auquel il est destiné. Nous allons vous en donner une nouvelle preuve.

Il y a, vous le savez, des oiseaux *aquatiques*, c'est-à-dire des oiseaux destinés à vivre sur l'eau. Prenons pour exemple le canard : vous savez que le canard aime à nager sur les étangs, et à barboter dans l'eau des mares; pourquoi? C'est parce qu'en fouillant la vase avec son grand bec aplati, il y trouve les vermisseaux, et les plantes aquatiques dont il fait sa nourriture. Eh bien, pour pouvoir flotter sur l'eau, il est léger; et pour ne pas être mouillé, il a une épaisseur de plume et de duvet qui empêche l'eau de pénétrer jusqu'à son corps. De plus, ce duvet est enduit d'une légère couche de graisse, sur laquelle l'eau glisse sans pénétrer.

Mais ce n'est pas assez de flotter sur l'eau, il faut pouvoir avancer par où l'on veut.

Voyez les bateaux; ils sont construits de manière à flotter; mais quand on veut les faire avancer, on est obligé de pousser l'eau avec deux rames, c'est-à-dire deux grandes palettes, élargies comme des pelles par le bout qui entre dans l'eau. Eh bien, les canards n'ont-ils pas aussi deux rames, qui sont leurs pattes palmées ?

Quand donc vous verrez, soit vivant, soit en image, un oiseau ayant des pattes palmées, vous saurez que c'est un oiseau aquatique, et qu'il appartient au groupe des palmipèdes.

Un animal est-il toujours organisé selon sa manière de vivre ?

Décrivez la patte palmée du canard.

Pourquoi les oiseaux *aquatiques* ne sont-ils pas mouillés quand ils sortent de l'eau ?

Citez d'autres oiseaux *palmipèdes.*

Que veut dire le mot palmipède ?

RÉSUMÉ DE LA CLASSE DES OISEAUX.

Ainsi les *rapaces,* qui sont des oiseaux de proie ; les *passereaux,* qui sont chanteurs et voyageurs ; les *gallinacés,* qui peuplent nos basses-cours ; les *palmipèdes* qui sont faits pour nager : voilà déjà quatre groupes de la classe des OISEAUX. Il y en a deux autres encore dont nous vous parlerons plus tard.

Citez quelques groupes de la classe des oiseaux.

LES REPTILES.

I. Les serpents.

Avez-vous vu des serpents ? Du moins, vous en avez vu représentés sur des images ; vous savez donc que le corps des serpents est allongé, rond, et se termine par une queue effilée. Ils n'ont point de pattes, et chose étrange, ils n'en sont pas moins agiles. Ils ne marchent point : ils rampent, et rampent très vite, en se

glissant sur le ventre, et en roulant en cour-
bes leur long corps flexible.

Si vous voulez avoir une idée des mouvements des serpents, posez à terre une corde à
sauter dont vous tiendrez seulement un bout.
Secouez-la un peu vivement à droite et à gauche, et vous la verrez serpenter sur le sol.

Les serpents montent aussi fort bien dans
les arbres, en s'enroulant autour du tronc et
des branches.

Les serpents ont la peau écailleuse. Leur
tête est petite, et ressemble un peu à celle du
lézard ; on ne leur voit ni nez saillant, ni oreilles saillantes ; mais ils ont de petits yeux très
brillants.

On divise les serpents en deux groupes : ceux
qui sont venimeux, et ceux qui ne le sont pas.

La couleuvre, qu'on rencontre dans les marais, sous l'herbe humide, et beaucoup d'autres
serpents qui ne se trouvent pas dans notre pays,
ne sont pas venimeux.

Mais il y a des serpents qu'il est dangereux
de rencontrer sur sa route. Ils ne *piquent* pas
avec un *dard*, comme vous l'entendrez peut-
être dire ; c'est une erreur cela, mes enfants.
Les serpents n'ont pas de dard ; mais certaines

espèces ont de longues dents venimeuses. Quand on est mordu par ceux-là on devient très malade, et souvent on en meurt.

Les serpents venimeux se trouvent presque tous dans les pays chauds. Dans notre pays il n'y a qu'une espèce de serpents venimeux : c'est la *vipère* (qu'on nomme quelquefois l'*aspic*); on la rencontre dans les taillis et dans les lieux arides.

Toutes ces bêtes, venimeuses ou non, les couleuvres comme les vipères, mangent ordinairement de petits animaux, tels que les rats, les grenouilles, etc.

Comment avancent les serpents?
Peuvent-ils aller vite, en rampant ainsi?
Peuvent-ils monter aux arbres?
Décrivez le serpent.
Le serpent a-t-il un dard?
Tous les serpents sont-ils venimeux?
Citez un serpent qui n'est pas venimeux
Citez un serpent venimeux.
Les serpents sont-ils carnivores?

II. Le lézard et la tortue.

Nous vous avons déjà parlé l'année dernière du lézard qui rampe, lui aussi, bien qu'il ait de petites pattes; et de la tortue, qui rampe aussi mais très lentement, emportant avec elle sa maison.

En quoi donc est-elle fabriquée la maison de la tortue? Est-ce elle qui se la construit? Comment s'y prend-elle?

Cette maison, c'est tout simplement la peau

Le lézard.

de l'animal, durcie de manière à former une enveloppe qui le protége et qu'on appelle *carapace*. Il y a des tortues qui vivent dans l'eau; celles-là ont les pattes palmées; les petites que vous connaissez peut-être vivent sur la terre, et se nourrissent d'herbe et de vermisseaux.

Décrivez le lézard.
Décrivez la tortue.

De quoi est formée l'enveloppe solide de la tortue?

Comment appelle-t-on cette enveloppe?

Y a-t-il des tortues qui vivent sur la terre, et d'autres qui vivent dans l'eau?

Les lézards et les tortues sont-ils des reptiles?

RÉSUMÉ DE LA CLASSE DES REPTILES.

Les serpents qui n'ont point de pattes, les lézards qui en ont quatre, les tortues qui sont enveloppées d'une écaille, tous animaux *rampants*, malgré leur différence de forme, appartiennent à la classe des REPTILES. Les reptiles, comme les oiseaux, font des œufs.

Les reptiles font-ils des œufs?

LES BATRACIENS.

Quand vous êtes allés à la campagne, il vous est arrivé de vous approcher d'un étang ou d'une petite mare. Tout à coup, quelque chose sautait sur l'herbe, et plongeait vivement dans l'eau, si vivement que vous aviez à peine le temps de voir ce que c'était : c'était une grenouille.

Mais après avoir disparu sous l'eau, cette

grenouille revenait bientôt à la surface, et vous voyiez sa tête aplatie, et ses gros yeux, reparaître entre les herbes qui couvrent la surface de l'étang.

C'est que la grenouille, qui plonge si bien et qui nage si rapidement à l'aide de ses pattes palmées, ne peut rester longtemps sous l'eau : elle s'y noierait. Elle est obligée de revenir à la surface pour *respirer*, il faut qu'elle remplisse d'air ses poumons, comme le font tous les animaux qui vivent sur la terre.

Vous vous souvenez qu'avant d'être grenouille parfaite, lorsque, tout petit animal, elle avait la forme de *têtard*, elle restait toujours dans l'eau, et ne venait jamais respirer au dehors. C'est qu'alors elle était organisée pour respirer dans l'eau, à la manière des poissons. Mais en même temps qu'il lui a poussé des pattes, elle a perdu cette faculté; et devenue grenouille, elle ne peut plus se passer de venir respirer au dehors.

Nous pourrions vous en dire autant des crapauds, qui ressemblent tant aux grenouilles et qui vivent dans la terre humide. Vous avez peut-être entendu dire que le crapaud est venimeux à la manière des serpents, c'est une erreur; le crapaud n'est pas dangereux, bien qu'il ait du venin; et si vous le touchiez, vos mains pourraient se couvrir de petits boutons qui vous feraient souffrir.

Le crapaud est laid, cela n'est pas sa faute, mais il nous est utile. Il mange les vermisseaux et les insectes nuisibles à nos récoltes, et nous rend ainsi le même service que les petits oiseaux.

La salamandre est un autre petit animal qui ressemble au lézard, et qui pourtant n'est pas du tout de la même famille. La salamandre vit dans l'eau comme la grenouille; et comme la grenouille, elle a été têtard au commencement de sa vie.

A cause de cette ressemblance, on réunit tous ces animaux, et d'autres encore, dans une classe qu'on appelle la classe des *batraciens*.

De même que les oiseaux et les reptiles, les batraciens font des œufs.

La grenouille peut-elle rester longtemps sous l'eau ?
Pourquoi faut-il qu'elle revienne à la surface ?
Quand elle était têtard, pouvait-elle rester toujours sous l'eau ?
Les têtards peuvent-ils repirer sous l'eau à la manière des poissons ?

Comment nomme-t-on les animaux qui ont d'abord été des *têtards*?

Citez quelques *batraciens*.

Le crapaud est-il venimeux comme une vipère?

Peut-on le toucher sans danger? Le crapaud est-il utile?

Les *batraciens* font-ils des œufs?

LES POISSONS.

La vie du poisson.

Avez-vous vu de jolis petits poissons rouge-doré, nager dans l'eau d'un bocal? Nous parlerons de ceux-là parce qu'il est plus facile de les observer que ceux qui sont dans la mer ou dans les rivières.

Remarquez d'abord comme leur corps allongé et flexible, est partout recouvert de jolies écailles nacrées et brillantes. Leur tête est également couverte d'écailles ; on ne voit pas leurs oreilles, mais ils en ont. Ils ont aussi de gros yeux ronds. Ils ouvrent continuellement leur bouche pour avaler de l'eau, ou pour happer un insecte qui passe à la surface.

Pour se mouvoir, ils ont des nageoires ; quatre de ces nageoires sont comme quatre rames qui leur servent à se pousser en avant; et leur queue aplatie, qui est encore une nageoire, leur sert

de gouvernail. Grâce à ces *organes* ils se meuvent avec une agilité surprenante ; il ne serait
pas facile de les saisir avec les mains.

Les poissons vivent toujours dans l'eau, et ils
ne peuvent vivre que là. Examinez le petit poisson rouge ; il reste toujours au milieu de l'eau,
il n'a pas besoin de mettre la tête au dehors pour
respirer l'air, comme le font les grenouilles.

Plus tard nous vous expliquerons comment
il se fait que les poissons n'ont jamais besoin
de venir respirer l'air à la surface de l'eau.

Quant à la nourriture, mes enfants, il en est
des poissons comme des oiseaux, comme des
mammifères : les uns sont mangeurs de chair
(mangeurs de chair de poisson) ; les autres, au
contraire, ne vivent que de plantes aquatiques
et de vermisseaux.

Les poissons pondent une multitude de petits
œufs ; mais ils ne les couvent pas comme les
oiseaux ; presque tous les abandonnent au fond
de l'eau, et les petits qui en sortent deviennent
ce qu'ils peuvent.

Les poissons qui vivent dans les rivières ou
les étangs ne sont pas ordinairement d'une très
grande taille. Dans les mers il y en a aussi de
petits, mais il s'en trouve d'autres qui sont

énormes; quelques-uns sont aussi longs que
les petits bateaux que vous voyez sur les rivières. Ces grands poissons sont extrêmement
voraces et féroces, et ils vous croqueraient en
quatre bouchées s'ils pouvaient vous saisir.

Décrivez la forme générale du poisson.
De quoi est recouverte la peau des poissons?
Qu'ont-ils au lieu de pattes?
Les poissons peuvent-ils *respirer* sans sortir de l'eau?
Y a-t-il des poissons qui mangent les autres poissons?
Y en a-t-il qui se nourrissent de plantes aquatiques et
de vermisseaux?
Les poissons font-ils des œufs?
Prennent-ils ordinairement un grand soin des petits
poissons qui en éclosent?
Y a-t-il, dans la mer, des poissons de grande taille ?
Ceux-là sont-ils très voraces?

***

La pêche.

Vous avez vu sans doute, mes enfants, des
pêcheurs pêcher du poisson dans les rivières.
Ils se servent de *lignes* légères, composées d'un
fil fixé au bout d'une longue baguette, et terminé par de petits crochets nommés *hameçons*, auxquels le poisson vient se prendre.
D'autres fois les pêcheurs emploient des *filets*,
tissus à larges mailles, dont ils entourent
un certain espace de la rivière ou de l'étang;

La pêche sur la mer.

puis, après avoir laissé leurs filets tendus pendant quelque temps, ils les resserrent, les re-
tirent de l'eau ; les poissons qui se trouvaient
dans l'espace entouré restent pris dans le filet,
tandis que l'eau s'échappe à travers les mailles.
On peut pêcher dans l'eau douce des fleuves
et des lacs, dans l'eau salée de la mer, partout
où il y a une quantité d'eau suffisante pour que
des poissons puissent y vivre.

Si vous habitiez, mes enfants, dans un de
ces villages qui sont bâtis sur les côtes, vous
verriez chaque jour beaucoup d'hommes, et
même des enfants, s'embarquer dans des bateaux qui sont là attachés près du rivage. Ils
détachent ces bateaux, étendent les voiles comme
de grandes ailes blanches ou grises; le vent
souffle dans ces voiles, pousse les barques, et
voilà les pêcheurs partis. Ils s'en vont au loin
sur la mer; après une heure, on ne voit plus
que leurs voiles qui paraissent dans le lointain
comme de petits points blancs.

Ces hommes, ce sont les pêcheurs de mer.
Ils emportent avec eux, dans leurs barques,
tous les ustensiles nécessaires pour la pêche.
Quelquefois ils se servent de longues lignes de
corde, auxquelles sont attachés, de distance en

distance, de gros hameçons de fer pour prendre de gros poissons ; d'autres fois ce sont de
larges filets qu'ils jettent dans la mer, de manière à entourer un grand espace. Après plusieurs jours, plusieurs semaines quelquefois,
ils reviennent au rivage d'où ils sont partis, et
où ils débarquent le produit de leur pêche.

Comment pêche-t-on dans les rivières et les étangs ?
Qu'est-ce qu'une ligne ? Un hameçon ?
Comment pêche-t-on au filet ?
Comment pêchent les pêcheurs de mer ?

LES INSECTES.

Figurez-vous, chers enfants, que nous sommes ensemble dans une prairie : c'est l'été,
les grandes herbes sont toutes parsemées de
fleurs ; et comme il fait chaud, nous allons nous
mettre à l'abri sous les saules, près du ruisseau
qui coule au bas de la prairie.

En regardant autour de nous, nous apercevons une foule de petits animaux, frêles et légers, qui voltigent dans l'air ou marchent sur
les brins d'herbe. Ce sont des insectes ; vous le
savez déjà : mais nous allons les examiner de
plus près.

Les examiner de près, mais comment? Ces jolis papillons aux ailes brillantes voltigent si légèrement! Comment les atteindre, ou même en approcher? Cela doit être difficile, n'est-ce pas! Pourtant ce n'est pas impossible : il y a un charme pour apprivoiser les papillons.

Mes enfants, ce charme-là, c'est tout simplement *la patience*. Un papillon se lasse de voltiger; si vous n'essayez pas de le poursuivre, le papillon viendra se poser sur une fleur. Approchez doucement de cette fleur, alors vous le verrez et l'observerez tout à votre aise.

Vous le verrez redresser ses grandes ailes et les appliquer l'une contre l'autre; puis, il les entr'ouvre, et on peut en apercevoir quatre, deux de chaque côté, qui semblent ne faire qu'une seule aile, parce qu'elles sont posées à plat l'une sur l'autre. Il marche sur *six* petites pattes, puis il joue en balançant deux sortes de cornes, extrêmement fines et légères, qu'on appelle ses *antennes*. Enfin le voilà qui déroule une petite trompe placée au-devant de sa tête. Cette trompe est si fine qu'on dirait un fil, et pourtant elle est creuse. Vous êtes-vous amusés quelquefois à boire avec une paille? Eh bien, le papillon fait de même : il suce avec sa trompe les petites gouttes de liqueur mielleuse qui se trouvent au fond des fleurs : c'est là toute sa nourriture.

Vous savez déjà que ce papillon a été d'abord une chenille ; puis que cette chenille a changé de forme, qu'elle est devenue semblable à un petit poupon [1] emmaillotté, dans lequel on ne distinguait ni pieds ni tête. Il ne bougeait plus alors, il ne mangeait plus : il était devenu *chrysalide*. Un beau jour, la peau de cette chrysalide s'est fendue, et il en est sorti ce joli papillon que vous avez examiné.

On appelle ces changements de forme les *métamorphoses* des papillons.

Ce ne sont pas les papillons seulement qui viennent dans la prairie sucer l'eau mielleuse des fleurs. Vous voyez une foule d'insectes, assez semblables à de grosses mouches, voltiger en bourdonnant d'une fleur à l'autre : ces insectes ce sont des abeilles.

Les abeilles vivent ensemble, en société comme on dit ; chaque grande compagnie d'abeilles a sa maison, qu'on appelle une ruche. Cette ruche, qu'on dispose exprès pour elle,

1. *Puppa*, en latin, *chrysalide*.

est ordinairement une sorte de panier d'osier renversé sur une pierre ou sur une planche; mais il y a aussi des abeilles sauvages qui font **leur demeure dans le creux des troncs d'arbres.**

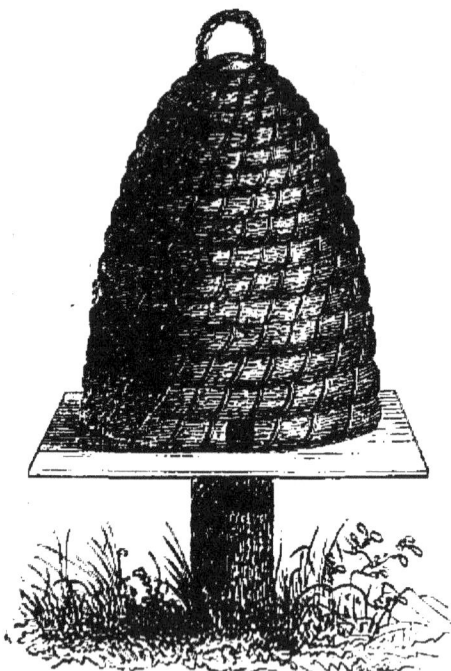

La ruche.

Elles vont porter dans leur ruche toute la matière sucrée qu'elles recueillent dans les fleurs, et avec laquelle elles forment leur miel. Puis ce sont elles encore qui fabriquent la cire dont on fait les cierges et les bougies. Avec la cire elles façonnent des milliers de compartiments, comme de petits vases accolés les uns aux autres, dans lesquels elles déposent leurs œufs et leur miel.

Maintenant regardez dans l'herbe, au pied des arbres ; nous allons découvrir des fourmis. Ces petites bestioles vont et viennent sans cesse : en voici une par exemple qui traîne un brin d'herbe dix fois plus gros qu'elle ; plus loin, cinq ou six autres réunissent leurs forces pour emporter un brin de paille, beaucoup trop lourd pour une seule. Savez-vous ce qu'elles vont faire de ce brin de paille ? Le manger ? Non ; ces brins de paille sont des matériaux dont les fourmis se servent pour construire leur demeure souterraine, leur *fourmilière*, où elles vivent ensemble réunies par milliers.

Il y a encore beaucoup d'autres insectes dans la prairie. Regardez dans l'herbe : voici une petite bête qui est probablement de votre connaissance. On dirait, pour la forme et la grandeur, un pois coupé en deux ; elle est d'un beau rouge luisant, avec de petits points noirs ; vous l'appelez la bête à bon Dieu : c'est la gentille coccinelle. Tendez-lui votre doigt avec précaution, elle y montera ; et maintenant regardez sa petite tête toute noire, avec des antennes pres-

que imperceptibles; ses six pattes tellement
fines qu'on les voit à peine. Elle se promène
tranquillement; la voilà arrivée au bout du
doigt. Tout à coup elle ouvre ses ailes rouges,
il sort de dessous deux autres petites ailes,
brunes et transparentes. Elle les étend et s'en-
vole : car ce sont là ses véritables
ailes, celles qui lui servent à voler.
Sans doute ces ailes si fines se dé-
chireraient si elles n'étaient pas pro-
tégées : quand on possède quelque chose de
précieux et de fragile, il faut bien le mettre à
l'abri, n'est-ce pas ? Voilà pourquoi la petite
bête quand elle est posée, replie ses ailes transparentes, et referme par-dessus ses deux ailes
rouges qui forment comme un *étui* pour pro-
téger les autres.

Réfléchissez mes enfants, et vous vous sou-
viendrez que les hannetons ont les ailes dis-
posées de la même manière.

Tandis que nous examinons notre coccinelle,
voilà que nous entendons comme un petit cri
s'élever des hautes herbes : c'est encore un insecte, c'est la cigale qui produit ce bruit, non
pas avec sa bouche, mais en frôlant ses pattes
contre son ventre, qui est dur.

Coccinelle.

Puis tout à coup une sauterelle verte bondit au-dessus de l'herbe ; si nous pouvions l'attraper ! Ce n'est pas facile, car elle saute loin, et toujours du côté où l'on ne s'y attend pas. Comme tous les animaux qui avancent en sautant, elle a les jambes de derrière longues et fortes ; et c'est en les redressant brusquement, comme un ressort, qu'elle s'élance si haut et si loin.

Tandis qu'il fait trop chaud au grand soleil, il fait frais sous les saules, au bord du petit ruisseau ; aussi on y voit tous les jolis insectes qui aiment la fraîcheur voltiger en rasant l'eau. Vous vous êtes peut-être amusés à les poursuivre, ces insectes légers qui ont quatre grandes ailes transparentes, le corps allongé et fluet. Ce sont les demoiselles, dont le vrai nom est *libellules*.

Puis, sous le feuillage, vont et viennent une foule de mouches et de moucherons, à peu près semblables à ceux qui viennent voltiger près des vitres de nos fenêtres. Tous les autres insectes que nous venons d'examiner : papillons, abeilles, coccinelles, cigales, sauterelles, libellules, ont quatre ailes ; mais les mouches n'en ont que deux; regardez une mouche, et, sans lui faire de mal, vous pourrez vous en assurer.

Il y a aussi des insectes qui n'ont pas d'ailes du tout : telle est la puce, qui saute au moyen de ses grandes pattes de derrière, à la manière des sauterelles.

Mais puisqu'il y a tant de différences entre ces petits animaux, les uns ayant quatre ailes, d'autres n'en ayant que deux, d'autres n'en ayant pas du tout, qu'ont-ils donc de semblable? et comment peut-on les réunir sous ce nom d'*insectes?*

Examinez cette fourmi. Son corps forme trois parties distinctes : la tête, où sont les yeux et la bouche; le corselet où sont attachées les pattes et les ailes; et enfin le ventre.

Fourmi ailée.

Tous les insectes semblent ainsi faits de trois pièces, c'est là justement ce que signifie le mot *insecte*[1].

Une autre chose encore qui leur est commune, c'est qu'ils ont tous six pattes.

Enfin, tous subissent des métamorphoses, des changements de forme, comme le papillon. Tous

[1]. *Insecte*, — divisé par *sections*.

sortent d'œufs, sous une forme plus ou moins semblable à celle de petits vermisseaux, et sont appelés alors des *larves;* puis se transformant une dernière fois, ils deviennent *insectes parfaits,* c'est-à-dire tels que nous venons de les examiner.

Tous ces petits animaux ont donc de commun:

1° Le corps fait de trois pièces.

2° Six pattes.

3° Les métamorphoses.

C'est pour ces motifs qu'on les réunit dans une seule classe, appelée *la classe des insectes.*

Décrivez la chenille. Que devient-elle ?
Comment la chrysalide devient-elle papillon ?
Décrivez le papillon.
Combien a-t-il d'ailes ?
Qu'appelle-t-on ses antennes ? — Sa trompe ?
De quoi se nourrit le papillon ?
Comment appelle-t-on les changements de forme des insectes ?
A quoi ressemble l'abeille ? Combien a-t-elle d'ailes?
Qu'est-ce qu'une ruche?
De quoi les abeilles forment-elles leur miel?
Que font-elles pour conserver leur miel?
Que faisons-nous de leur cire?
Pourquoi travaillent les fourmis?
A quoi ressemble la *coccinelle ?*
Qu'a-t-elle sous ses deux ailes rouges?
Pourquoi ses ailes minces sont-elles abritées sous les autres comme dans un étui?
Citez un autre insecte ayant les ailes abritées de même.

La cigale est-elle un insecte?

Comment produit-elle le bruit qu'on appelle **le** *chant de* **la** *cigale?*

La sauterelle est-elle un insecte?

Pourquoi saute-t-elle si bien?

Quel est le vrai nom des *demoiselles?*

Quelle est la forme des libellules?

Les mouches sont-elles des insectes?

Combien ont-elles d'ailes?

Y a-t-il des insectes sans ailes? Citez-en un exemple.

A quoi reconnaît-on les insectes?

En combien de parties est divisé leur corps?

Combien ont-ils de pattes?

Ont-ils presque tous des *métamorphoses?*

Comment appelle-t-on ces sortes de *vers* qui deviennent des insectes en se métamorphosant?

LES ARACHNIDES.

Voyons maintenant, mes enfants, si vous saurez vous servir des moyens que nous venons de vous indiquer pour reconnaître les insectes.

Voici une araignée sur sa toile.

L'araignée est-elle un insecte? Regardez bien. A-t-elle le corps formé de trois parties comme la fourmi? Non : elle l'a formé de deux parties seulement.

L'araignée a-t-elle six pattes? Non, elle en a huit. Donc l'araignée n'est pas un insecte.

L'araignée est une bête féroce malgré sa petite taille : elle vit de proie. Sa proie, ce sont les moucherons qui viennent se prendre à la toile qu'elle tend pour les enlacer; elle les frappe de deux crochets empoisonnés, puis suce les liquides qui leur tiennent lieu de sang. Les araignées, et plusieurs autres animaux qui leur ressemblent, forment une classe à part, qu'on

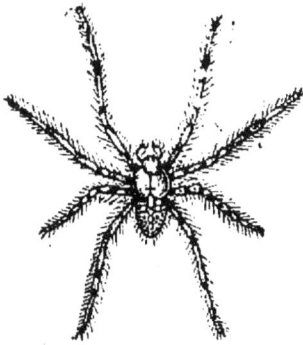

Araignée des champs.

appelle *la classe des arachnides*, c'est-à-dire des animaux ressemblant à l'araignée.

L'araignée est-elle un insecte?
En combien de parties est divisé son corps?
Combien a-t-elle de pattes?
De quoi vit l'araignée?
Pourquoi l'araignée tisse-t-elle une toile?
Comment appelle-t-on les animaux qui ressemblent à l'araignée?

LES CRUSTACÉS.

Connaissez-vous les écrevisses? Connaissez-vous les homards? Les écrevisses et les homards n'ont pas la même grosseur, mais ils ont à peu près la même forme. Tout leur corps

est recouvert d'une enveloppe très dure; leur
tête se termine en pointe, et leur queue aplatie
forme une nageoire à plusieurs palettes. Ils ont
dix pattes; les deux de devant sont beaucoup
plus grosses que les autres, elles ont la forme de
deux becs crochus : ce sont les *pinces* de l'animal; elles lui servent à saisir les animaux dont
il fait sa nourriture.

Les écrevisses habitent les rivières; les homards vivent dans la mer, ainsi qu'un autre
animal de la même classe qu'on appelle le crabe.

Le crabe n'a pas la même forme que le ho-
mard, son corps est aplati et à peu près rond;
mais il est aussi recouvert d'une croûte, et il a
dix pattes dont deux sont aussi des pinces.

Les écrevisses, les homards, les crabes, ont
donc plusieurs traits qui leur sont communs,
nous les réunissons pour en faire un groupe;
et comme leur trait le plus distinctif est la
croûte solide dont ils sont enveloppés, nous appellerons ce groupe *la classe des crustacés*,
c'est-à-dire des *encroûtés*[1].

Décrivez l'écrevisse.
Où vivent les écrevisses?
Qu'est-ce que les crabes? — les homards?

1. Du latin, *crusta*, croûte.

Qu'est-ce que ces animaux ont de remarquable?

Comment nomme-t-on les animaux qui ont le corps et les embres protégés par une croûte ou enveloppe solide?

LES ANNÉLIDES.

Il y a beaucoup d'animaux dont les uns vivent dans la terre, les autres dans le limon des rivières, ou dans le sable de la mer, et qui tous ont à peu près la même forme: ce sont les *vers*. Leur corps est allongé, mou, et comme formé de petits anneaux ; ils se meuvent en écartant puis en resserrant leurs anneaux. Vous pouvez remarquer ce mouvement chez les vers de terre, pauvres bêtes bien inoffensives, qui se nourrissent tout simplement des sucs de la terre.

Le ver de terre.

Toutes ces bestioles sont réunies dans un groupe qu'on appelle : *la classe des annélides*, c'est-à-dire des animaux dont le corps est divisé par anneaux.

Pourquoi a-t-on donné aux *vers* le nom d'*annélides?*

Citez un annélide.

LES MOLLUSQUES.

Hier nous avons planté des laitues dans le jardin ; et voilà que ce matin en retournant les voir, nous les avons trouvées toutes trouées ; les feuilles, les bourgeons, tout est déchiré et rongé ! Qui a fait cela ? — Voyez sur la terre autour des plantes, une petite trace blanchâtre et luisante : c'est la trace des limaçons qui sont venus pendant la nuit faire leur repas aux dépens de nos laitues.

Ces mangeurs de plantes, ces ravageurs des jardins, vous les connaissez, mes enfants ; vous les voyez ramper sur les sentiers après la pluie, le long des murs et des troncs d'arbres, en laissant derrière eux leur trace gluante. Regardez comme ils avancent lentement, en glissant sur le ventre : car ils n'ont pas de pattes, et ils portent leur coquille sur leur dos.

Si vous touchez un limaçon, seulement avec un brin de paille, il retire vite ce que vous appelez ses cornes ; puis, tout son corps, qui est mou, rentre peu à peu dans sa coquille.

Cette coquille, qui est comme la maison du limaçon, grandit en même temps que son pro-

priétaire : vous le savez, car vous avez vu de
très petits limaçons avec de très petites coquilles, et de gros limaçons avec des coquilles
proportionnées à leur taille.

Eh bien, mes enfants, **dans cette** grande
mer dont nous avons déjà parlé tant de fois, et
sur ses rivages, il y a des milliers d'animaux
qui ressemblent plus ou moins au limaçon ; qui

Un mollusque de mer.

ont comme lui le corps mou, et une coquille
pour s'abriter. Les uns deviennent très grands,
les autres au contraire restent très petits. Leur
maison est d'ordinaire plus solide, plus épaisse,
et aussi plus élégante que celle des limaçons.

Avez-vous mangé des huîtres ? L'huître est
aussi un animal dont le corps est mou et pro-
tégé par une coquille ; seulement **sa** coquille

est faite de deux pièces : ce sont deux écailles
qui forment comme une boîte, ayant son cou-
vercle retenu par une charnière. L'animal habite l'intérieur de la boîte; quand il veut
manger il entr'ouvre ses deux écailles, et happe

Groupe de moules.

les petits filaments de plantes marines qui flot-
tent dans l'eau; puis il referme sa maison, et
le voilà en sûreté. Les moules, que vous connaissez sans doute, ont aussi leur coquille
formée de deux pièces.

Toutes les jolies coquilles de mer formées d'une ou de deux pièces, qui ont de si brillantes couleurs, et sont *nacrées* en dedans, ont été la demeure d'un animal semblable à ceux dont nous venons de parler. Cet animal étant mort, son corps s'est décomposé, et sa coquille est restée vide.

Il y a aussi des animaux dont le corps est mou, et qui n'ont pas de coquille : la *limace* par exemple, qui, comme le limaçon, vit aux dépens des légumes de nos jardins.

Limace.

Ces animaux, avec ou sans coquille, ont tous ce trait commun que leur corps est mou sans être formé d'anneaux comme l'est celui des vers. C'est pourquoi on les réunit dans une classe qu'on appelle *la classe des mollusques*, mot qui signifie : animaux dont le corps est mou.

Pourquoi certains animaux sont-ils appelés mollusques?
Comment nomme-t-on leur enveloppe dure?
Y a-t-il des mollusques dont la coquille est formée d'une seule pièce?

Y en a-t-il dont la coquille est faite de deux pièces.

Où trouve-t-on surtout les mollusques?

Citez un mollusque qui vit dans la mer, et dont la coquille est formée de deux pièces.

Citez un mollusque dont la coquille est d'une seule pièce, et qui vit dans nos jardins.

Citez un mollusque qui vit dans nos jardins et qui n'a pas de coquille.

RÉSUMÉ DES LEÇONS PRÉCÉDENTES.

Nous vous raconterons, plus tard, mes enfants, l'histoire de tous ces animaux que nous n'avons encore fait que vous nommer; mais pour bien comprendre leur histoire, il faut vous rappeler ce que ces animaux ont de plus remarquable, ce qu'ils ont de différent, ou de semblable.

Voici une liste qui résume ce que nous avons étudié dans ces deux premières années.

La classe des MAMMIFÈRES, ou animaux qui allaitent leurs petits. Dans cette classe nous avons déjà vu :

1° Les *carnivores*, ou mangeurs de chair.

2° Les *ruminants*, qui mangent l'herbe en deux fois.

3° Les *jumentés*, qui mangent l'herbe mais ne ruminent pas, et sont des bêtes de somme.

4° Les *porcins*, semblables aux porc.

5° Les *rongeurs*, ainsi nommés parce qu'ils rongent avec leurs dents incisives.

Dans la classe des OISEAUX, nous vous avons décrit :

1° Les *rapaces*, oiseaux de proie.

2° Les *passereaux*, petits oiseaux chanteurs et voyageurs.

3° Les *gallinacés*, dont le coq est le type.

4° Les *palmipèdes*, oiseaux aquatiques dont les pieds sont palmés.

La classe des REPTILES, ou animaux rampants, comprenant les serpents, les lézards, les tortues.

La classe des BATRACIENS, animaux dont la grenouille est le type, et qui naissent, comme elle, à l'état de têtards.

La classe des POISSONS, qui ne peuvent respirer que dans l'eau.

La classe des INSECTES, animaux dont le corps est divisé en trois parties, qui ont six pattes, et subissent des métamorphoses.

La classe des ARACHNIDES, animaux dont l'araignée est le type.

La classe des CRUSTACÉS, animaux dont le corps est recouvert d'une croûte.

La classe des ANNÉLIDES, animaux qui ont le corps composé d'anneaux.

La classe des MOLLUSQUES, animaux ayant le corps mou, mais sans anneaux; dont les uns ont une coquille formée d'une ou de deux pièces, et les autres n'ont pas de coquille.

Enfin, mes enfants, il y a encore d'autres groupes d'animaux fort curieux à connaître, dont nous vous entretiendrons plus tard.

Citez les groupes les plus intéressants de la classe des *mammifères*, — de la classe des *oiseaux*.

A quoi reconnaît-on les *reptiles?*

Qu'est-ce qui distingue les *batraciens?*

A quoi reconnaît-on un *poisson?*

A quoi reconnaît-on les *insectes* des autres petits animaux?

Comment nomme-t-on les animaux semblables à l'araignée?

Ceux qui ont le corps couvert d'une croûte?— Ceux qui ont le corps mou et divisé par anneaux?

Ceux qui ont le corps mou et non divisé par anneaux, avec ou sans coquille?

Y a-t-il encore d'autres groupes d'animaux?

LE RÈGNE VÉGÉTAL

LA VIE DES PLANTES.

I. Introduction.

On aime à parler des jardins et des champs;
les grands arbres sont si beaux, et les fleurs sont
si belles ! Pourtant il y a une chose qui donne
du regret, quand on y pense, c'est que beaucoup d'entre vous n'ont pas de jardin, et ne
peuvent aller jouer dans les champs. Eh bien,
mes enfants, si vous n'avez pas de jardin,
vous pourrez en faire un dans un coin de votre cour ou sur votre fenêtre. Que faut-il pour
cela ? simplement ce qui est nécessaire à la
vie d'une plante : de l'air, de la lumière, un
peu de chaleur ; un peu de terre et d'humidité
pour ses racines.

Avec une simple caisse de bois remplie de
terre, et posée au grand jour, au grand air,

nous pourrons cultiver de jolies plantes, et les examiner tout à loisir.

Nous sèmerons des graines, nous les verrons germer; puis la petite plante croîtra, elle se couvrira de feuilles; n'est-ce pas que ce sera charmant! Chaque jour nous irons voir si elle a grandi, si la feuille qui était fermée la veille commence à se déplisser; puis nous verrons les boutons se former, les fleurs s'ouvrir : toutes petites d'abord et encore à demi fermées, bientôt elles s'épanouiront au soleil.

Nous avons donc une caisse à fleurs, c'est entendu. Et maintenant quelles graines allons-nous y semer?

Vous y mettrez, à votre fantaisie, des graines de giroflées ou de fleurs grimpantes; mais plutôt, commençons par y semer un haricot.

Pourquoi cette graine plutôt qu'une autre? Parce qu'elle nous permettra d'observer en détail ce qui va se passer; si nous prenions une graine trop petite, nous n'y pourrions rien distinguer.

Observons, nous allons voir quelque chose de vraiment merveilleux.

Quelles sont les cinq choses tout d'abord nécessaires pour qu'une plante puisse germer et vivre?

II. La germination.

Nous faisons dans la terre un petit trou de la longueur de notre doigt, et nous y mettons notre haricot. Nous arrosons, car la graine ne germerait pas dans la terre trop sèche. Enfin remarquez que c'est au printemps ou à l'été que nous semons, parce que l'hiver il fait trop froid. N'oubliez pas que pour qu'une graine germe, il faut de l'humidité et un peu de chaleur.

Maintenant prenons patience.

Haricot dans la terre.

Cette graine si sèche et si dure tout à l'heure, se laisse ramollir peu à peu par l'humidité de la terre. Après quelques jours le haricot se fend en deux, tout doucement, dans le sens de la longueur. Tout près du point que vous avez remarqué au milieu de la graine, il sort une petite pousse blanche, très mince, qui s'allonge en descendant, et s'enfonce de plus en plus dans la terre. Sur cette pousse blanche apparaissent

Haricot se développant.

de petits filaments : c'est la racine de la plante qui va se former. La première chose qui sort d'une graine quand elle germe, c'est donc la *racine*.

Tout cela se passe dans la terre, de sorte que nous n'en voyons rien. Mais voici que bientôt la terre est un peu soulevée à l'endroit où nous avions semé la graine ; puis elle se fend, et nous apercevons une petite pousse verdâtre qui semble faire effort pour se dégager.

En regardant attentivement, nous verrons au haut de cette pousse, qui est le commencement de la *tige* de notre plante, les deux moitiés du haricot, facilement reconnaissables. Ainsi la

graine que nous avions mise dans la terre en
est ressortie, après avoir poussé une racine. Ses

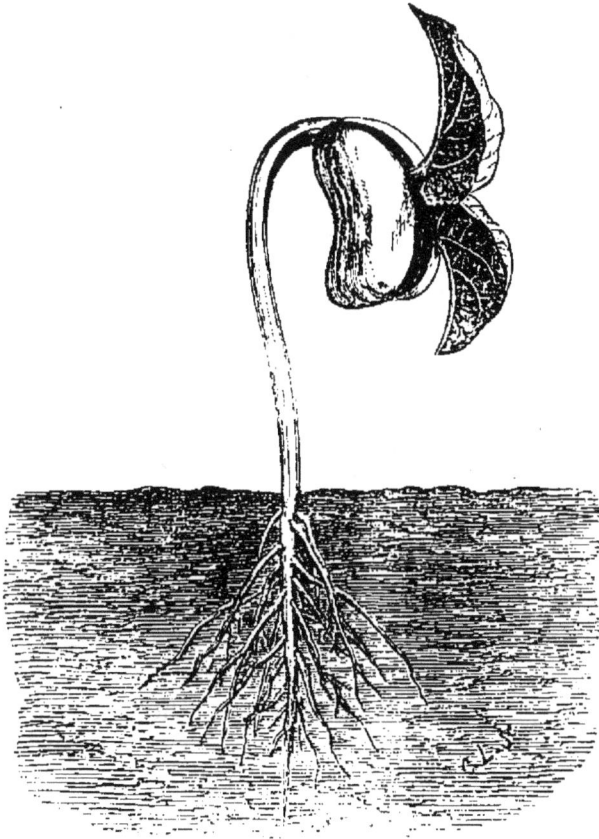

Haricot sorti de terre.

deux moitiés s'écartent peu à peu. et forment
comme deux petites feuilles très épaisses, entre
lesquelles vous apercevez un premier *bourgeon*.

La tige s'allonge, le bourgeon s'ouvre, de

petites feuilles en sortent, se déplissent, puis grandissent rapidement. Celles-là sont larges et minces, en forme de cœur; ce sont les vraies feuilles de la plante; elles ne ressemblent pas du tout aux deux premières, qui n'étaient que les deux moitiés de la graine.

Maintenant notre tige de haricot va s'élever, s'enrouler autour d'une petite branchette que vous lui donnerez pour appui; plus tard elle aura des fleurs à son tour, et produira des graines semblables à celle que nous avons semée. Mais patience, une plante ne pousse pas dans un jour.

Que faut-il à la graine pour qu'elle puisse germer?

Que devient la graine du haricot enfoncée en terre?

Que sort-il tout d'abord de la graine?

Qu'est-ce qui apparaît ensuite en dehors de la terre?

Est-ce que les deux moitiés de la graine fendue ressortent de la terre où on l'avait enfoncée?

A quoi ressemblent alors ces deux moitiés?

Que pousse-t-il entre ces deux moitiés de la graine entr'ouverte?

Décrivez le premier accroissement de la petite plante.

Les autres graines germent-elles à peu près de la même manière?

III. La racine.

Pourquoi donc la racine s'est-elle formée la première ? Vous allez le comprendre, mes enfants.

Nous vous avons dit l'année dernière : De même qu'un animal a besoin pour vivre et grandir, de prendre de la nourriture, pour vivre et grandir aussi à sa manière, il faut qu'une plante se nourrisse. Vous savez déjà que c'est principalement par la racine que les plantes se nourrissent : c'est donc **la** racine qui doit pousser la première.

Les racines des petites plantes sont tendres et molles, celle des arbres sont grosses et fortes : on les voit quelquefois à la surface de

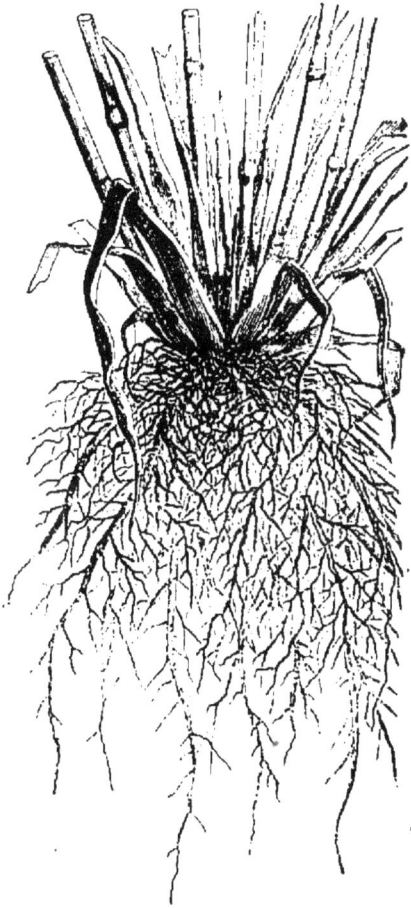

Racine de blé.

la terre, le long des sentiers. En marchant dessus
ont sent qu'elles sont dures, et de même nature
que le bois dont l'arbre lui-même est formé.

Remarquez, mes enfants, que ces racines ont
en effet besoin d'être fortes, pour maintenir
l'arbre fixé au sol, pour l'empêcher d'être renversé par le vent; aussi plus les arbres sont
grands, plus leurs racines sont vigoureuses.

Sur les grosses racines il pousse des racines
plus petites; sur celles-là il en vient d'autres
plus petites encore, de même que sur les grosses
branches des arbres vous voyez pousser les petits rameaux. Ce sont les plus petites racines,
celles qui sont presque aussi minces que des
fils, qui aspirent l'humidité et les sucs de la
terre. Ces sucs pénètrent dans les grosses racines, remontent le long de la tige, et parvien-
nent jusque dans les branches, les rameaux et
les feuilles

A quoi sert la racine?
Pourquoi pousse-t-elle la première?
Les racines des arbres sont-elles molles ou dures?
Sont-elles rameuses?
La racine sert-elle encore à autre chose qu'à nourrir l'arbre?
Les racines des petites plantes sont-elles molles d'ordi-
naire?
Où vont les sucs que les racines puisent dans la terre?
Quelle route suivent-ils?

IV. La tige et l'écorce.

Vous savez, mes enfants, ce qu'on appelle la *tige* : c'est cette partie de la plante qui part de la racine, et s'élève au-dessus du sol[1]. La tige des petites plantes est verte et molle ; mais celle des arbres est dure, c'est du bois. La tige des arbres se nomme le *tronc*.

Comment est fait, à l'intérieur, le tronc d'un arbre ? Si nous pouvions examiner un chêne fraîchement abattu, nous le verrions facilement, mais comme nous ne le pouvons en ce moment, prenons simplement une branche qu'on a coupée pour en faire du feu ; une branche c'est un tronc en petit.

L'intérieur de ce tronc est de bois très dur, mais tout autour il y a comme une peau épaisse, moins résistante que le bois, et que nous pouvons détacher en morceaux. Cette peau épaisse, qui enveloppe le bois est brune, rude au dehors, douce au dedans : c'est ce qu'on appelle l'*écorce*.

Les grands arbres qu'on abat pour en faire des planches ont l'écorce très épaisse et très

---

1. Il y a aussi des tiges souterraines, mais par exception.

rude; les petits arbres ont l'écorce mince, plus molle et plus lisse. On pourrait la détacher très facilement, mais il ne faut pas le faire, parce qu'en arrachant l'écorce d'un arbre, on le ferait infailliblement périr : c'est comme si on arrachait la peau à une personne.

Les petites plantes dont la tige n'est pas un tronc, ont-elles une écorce aussi? Oui, mes enfants; mais cette écorce reste toujours verte, parce que les petites plantes n'ont que très peu de durée.

Les arbres eux-mêmes, quand ils sortent de leur graine, ont une tige et une écorce fragiles. Mais comme ils vivent très longtemps, leur tige s'élève, grossit, et durcit peu à peu. Les plantes qui ne sont ni des arbres ni des arbustes, et qu'on appelle plantes *herbacées*, ne vivent généralement qu'une année ou deux : leur tige n'a pas le temps de durcir; elle ne devient jamais du bois, mais elle n'en a pas moins une écorce, une petite peau molle et toute mince; tandis que celle des arbres devient avec le temps, brune ou grise et *rugueuse*.

Qu'appelle-t-on la tige d'une plante?
Comment appelle-t-on la tige dure des arbres?
De quoi est-elle formée?

De quoi la tige des plantes est-elle entourée?
L'écorce des grands arbres est-elle épaisse et dure?
Comment est l'écorce des petites plantes?

V. Les branches et les rameaux.

Le tronc des arbres porte de grosses branches, et les grosses branches portent des branches plus petites qu'on appelle quelquefois des rameaux; vous savez cela. Les branches et les rameaux sont recouverts d'écorce comme le tronc. Comment ces branches se forment-elles ?

Regardez un des arbres du jardin, un poirier par exemple. Au pied de chaque feuille, entre ce pied et le rameau sur lequel la feuille a poussé, il y a un petit bourgeon : ce bourgeon c'est le commencement d'une autre branche. Il en sortira une pousse, absolument comme une tige sort d'une graine. Cette pousse sortie du bourgeon s'allongera, elle portera à son tour d'autres feuilles et d'autres bourgeons; elle deviendra une branche, et grossira en même temps que l'arbre. Toutes les branches que vous voyez sur un arbre sont sorties de bourgeons, sous la forme de petites pousses, lorsque l'arbre était plus jeune.

Chaque année de nouveaux rameaux poussent
sur les branches; les nouvelles branches sont
faciles à reconnaître, parce qu'elles sont plus

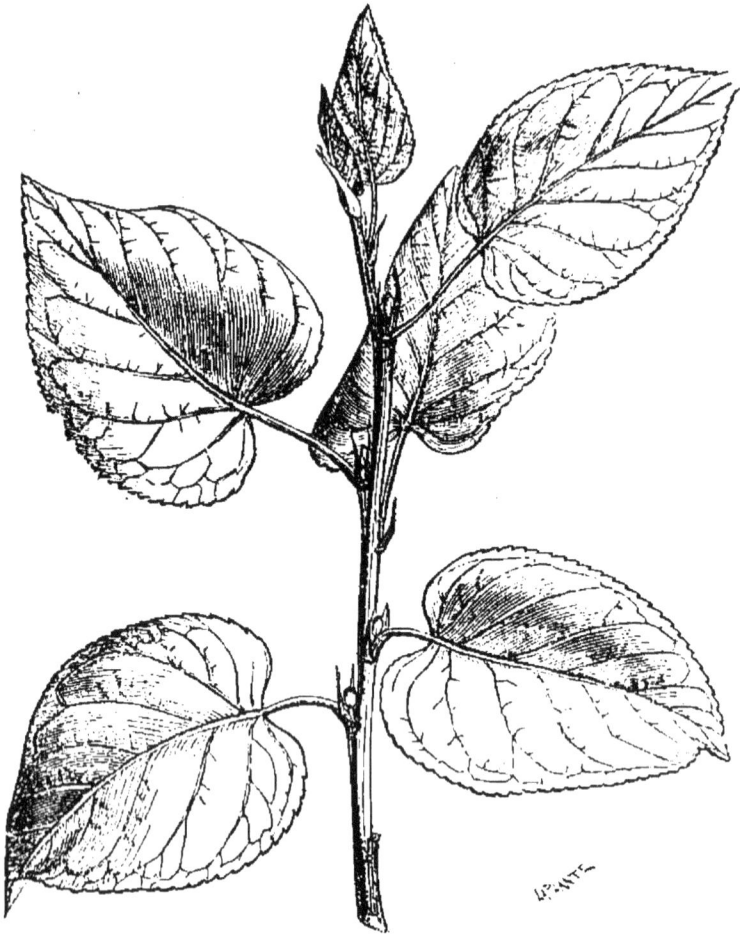

Rameau, bourgeons et jeunes feuilles.

tendres et plus vertes que les anciennes. En vieil-
lissant elles durcissent à leur tour, leur écorce
brunit, et c'est ainsi que les arbres grandissent.

Les plantes *annuelles*, c'est-à-dire celles qui ne vivent qu'une année, ont nécessairement moins de rameaux que les arbres. Quelquefois même elles n'en ont pas du tout ; c'est alors la tige qui porte seule toutes les feuilles.

Que portent la tige des plantes et le tronc des arbres?
Qu'est-ce qu'une branche?
Qu'est-ce qu'un rameau?
Où sont attachées les feuilles des arbres?
Comment naissent les feuilles et les rameaux?
A quoi reconnaît-on les rameaux qui ont poussé sur l'arbre dans l'année?
Que veut dire le mot *plante annuelle?*
Où sont attachées les feuilles de certaines plantes annuelles?

VI. Les feuilles.

Regardez une branche garnie de ses feuilles ; vous voyez que les dernières, celles qui sont à l'extrémité de la branche, sont plus petites que les autres ; on voit qu'elles sont plus jeunes. Puis la branche se termine par un gros bourgeon. Le bourgeon est le berceau des feuilles, comme le bouton est le berceau de la fleur. Le bourgeon est formé d'une quantité de feuilles extrêmement petites, toutes repliées et enroulées les unes sur les autres. Peu à peu ces pe-

tites feuilles entr'ouvrent leur enveloppe, se dé-
gagent et se déplissent. Elles sont alors d'un
vert pâle ; mais à mesure qu'elles grandissent,
elles prennent une couleur plus foncée. C'est
au printemps que les feuilles naissent en foule.

Prenons une de ces feuilles, une feuille de
mauve par exemple, et regardons-la bien. Sa
surface de dessus est à peu près lisse : pour-

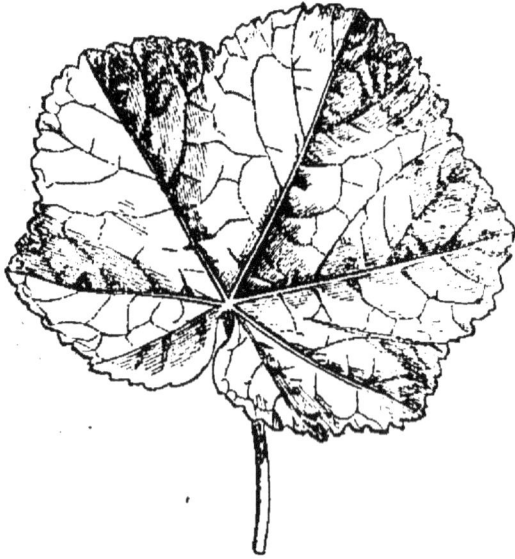

Nervures de la feuille de mauve.

tant on y distingue comme un réseau de petits
traits légèrement tracés ; sa surface de dessous
laisse voir plus facilement, et en saillie, ces
sortes de fils, les uns plus gros, les autres plus

petits, qui forment le réseau, et qu'on appelle les *nervures*. La plus grosse nervure est d'ordinaire au milieu de la feuille; c'est la continuation du pied par lequel la feuille est attachée à la branche.

Le pied et les nervures de la feuille sont comme de petits canaux, de petits tuyaux par où passent les sucs nourriciers de la plante, pour aller de la branche à la feuille; car vous savez que la feuille doit être nourrie, aussi bien que la tige et les branches.

Comment est la feuille quand elle sort du bourgeon?
A quelle époque de l'année naissent surtout les feuilles?
Qu'appelle-t-on les *nervures* d'une feuille?
A quoi servent ces nervures?

VII. La sève.

Vous est-il arrivé quelquefois de mettre du bois vert dans le feu? Alors vous avez entendu ce bois vert produire comme un petit gémissement, et de l'extrémité du morceau de bois vous avez vu sortir un liquide mousseux que la chaleur du feu fait bouillonner, et qui vous brûlerait très fort si vous y mettiez le doigt. Ce liquide est formé des sucs que la plante a pris à la terre par ses racines : c'est ce qu'on appelle la *sève*.

La sève est comme le sang des plantes; c'est elle qui les nourrit et les fait croître. Et de même que le sang circule au dedans de nous pour porter à chaque partie de notre corps sa part de nourriture, de même la sève circule dans les plantes pour les nourrir. Elle entre par les racines dans l'intérieur de la tige, elle monte dans les branches, pénètre jusqu'aux bourgeons, aux feuilles et aux fleurs, puis elle redescend vers les racines; et en allant et venant toujours ainsi, elle porte à toutes les parties de la plante la nourriture et la vie.

Voilà pourquoi, mes enfants, une plante périt quand on l'arrache. Ses racines ne pouvant plus alors aspirer les sucs de la terre pour former de la sève, la plante n'est plus nourrie; elle se fane, et meurt faute de sève, comme nous péririons faute de sang.

Y a-t-il un liquide qui circule dans les végétaux, comme le sang circule dans notre corps?

Comment appelle-t-on ce liquide?

A quoi sert-il? — Par où passe-t-il?

Pourquoi la plante périt-elle si on l'arrache?

VIII. La fleur.

Vous les trouvez belles sans doute, mes enfants, les roses de nos jardins? Et plus elles sont touffues, plus vous les trouvez belles. Pourtant, quand nous voudrons examiner une rose, ce ne sera pas celles-là que nous choisirons. Nous irons à la campagne, nous chercherons le long des haies ces petites roses simples, frêles et odorantes, qu'on appelle des églantines, ou des roses sauvages, parce qu'elles croissent sans culture.

Une fleur, si simple qu'elle soit, est toujours composée de plusieurs parties; vous distinguerez facilement les plus apparentes de ces parties : voyons comment on les nomme.

Ce que vous appelez ordinairement la fleur, cette espèce de couronne qui a des couleurs si fraîches et parfois si vives, s'appelle la *corolle*. La corolle de l'églantine est formée de cinq petites feuilles rose pâle, extrêmement délicates, et presque transparentes. Comment appelle-t-on ces feuilles-là, qui ne sont pas de véritables feuilles? On les nomme des *pétales*.

Nous disons donc que l'églantine a une *corolle* composée de cinq *pétales*.

Si vous regardez au-dessous de ces pétales, vous voyez cinq autres petites feuilles vertes, n'ayant aucunement la forme des véritables feuilles qui poussent sur les branches de l'arbuste. Ces cinq petites feuilles sont là comme pour soutenir les pétales. De même que les cinq pétales forment la corolle, ces cinq petites feuilles réunies forment ce qu'on appelle le *calice*. Dans l'intérieur de la corolle, il y a encore d'autres parties de la fleur, dont nous vous apprendrons le nom plus tard.

Cherchez maintenant, sur l'églantier lui-même, vous verrez beaucoup de boutons qui vont devenir des roses ; les uns sont encore tout petits, d'autres sont-prêts à s'ouvrir. Regardez attentivement un de ceux-ci : vous verrez que le bouton est formé par les pétales repliés les uns sur les autres, et que les cinq petites feuilles du calice les recouvrent et les abritent. Le bouton va grossir, le calice s'ouvrira, les pétales se déploieront, et la petite rose des champs sera épanouie dans sa fraîche beauté.

Qu'appelle-t on la *corolle* d'une fleur ?
Comment appelle-t-on les parties qui composent la corolle d'une fleur ?
Qu'est-ce qu'il y a sous les pétales de la rose ?

La rose sauvage, ou églantine.

Que forme l'ensemble de ces petites feuilles?

Quand la rose était en bouton, où étaient les pétales?

Qu'est-ce qui les enveloppait, quand elles étaient encore si tendres?

Y a-t-il encore d'autres parties, dans une fleur, que la *corolle* et le *calice?*

IX. Le fruit.

Une rose ne dure pas longtemps, mes enfants. Elle est éclose d'hier, et demain ses pétales se détacheront et s'en iront au vent. Mais la fleur ne sera pas morte tout entière.

Voyez-vous au-dessous de la corolle et des petites feuilles du calice, comme un petit œuf de couleur verte, qui rattache la fleur à la tige? c'est ce petit œuf qui va former le fruit, c'est là que sont contenues les graines.

Lorsque la corolle est tombée, le fruit grossit peu à peu. Il devient une sorte de petite poire verte. Mais si vous revenez à l'automne auprès de la haie, vous verrez l'églantier couvert de jolis fruits rouges. Ces fruits rouges, ce sont les petites poires vertes qui ont mûri; les graines, qui y sont contenues, sont mûres aussi. Elles sont devenues bonnes à semer, et si vous en emportez pour les semer dans votre caisse à fleur, l'année prochaine il y lèvera un églantier semblable à celui des champs. Vous voyez donc que le fruit vient après la fleur; la fleur est faite pour préparer la formation du fruit et de la graine.

Ce qu'on appelle le fruit d'une plante n'est pas toujours propre à notre nourriture : le *fruit* c'est tout simplement la graine avec ce qui l'enveloppe. Ainsi noûs ne mangeons pas le fruit de l'é-

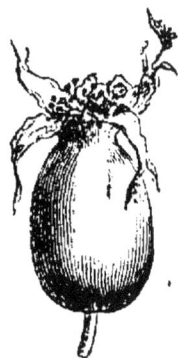

Fruit de la rose.

glantier [1] ; mais il y a des arbres dont les fleurs, toutes semblables à de petites roses, ont une corolle de cinq pétales, un calice garni de cinq petites feuilles, et qui portent un fruit quelque peu semblable à celui du rosier, mais beaucoup plus gros. Nous mangeons ces fruits quand ils sont mûrs : tels sont, par exemple, les poires et les pommes.

La rose, une fois épanouie, dure-t-elle longtemps? Qu'arrive-t-il quand ses pétales sont tombés? — Quelle forme a le fruit de la rose? Où sont contenues les graines de la rose? Quelle couleur a le fruit de la rose quand il est mûr?

Qu'arriverait-il si on semait la graine d'une rose?

Qu'est-ce que le *fruit* d'une plante?

Tous les fruits peuvent-ils servir à notre nourriture? —

1. Cependant on en fait une marmelade assez agréable.

Y a-t-il des fruits *qui ressemblent un peu* à celui du rosier et que nous pouvons manger ?

X. Diversité de la forme des fleurs.

Nous venons de raconter la vie d'une fleur ; toutes les autres fleurs ont à peu près la même existence, quoiqu'elles n'aient ni la même couleur ni la même forme. Il y a beaucoup de fleurs qui, comme cette rose dont nous avons parlé, ont cinq pétales : la fleur du bouton d'or des champs, du fraisier, du cerisier, etc. D'autres en ont davantage, telles que les beaux nénufars blancs qui

Fleur du chou.

croissent dans l'eau. Certaines autres fleurs au

contraire en ont moins. Voyez les giroflées simples qui croissent dans les fentes des murs, les fleurs des choux, — car les choux ont aussi des fleurs ; il ne faudrait pas croire qu'il n'y a de fleurs que sur les plantes d'ornement. — Eh bien, les giroflées et les choux n'ont que quatre *pétales*.

Vous connaissez les liserons qui grimpent et s'enroulent autour des appuis qu'on leur donne? Leurs fleurs blanches, violettes, roses, ressemblent à des clochettes. Regardez-les, ces petites clochettes si délicates ; vous verrez qu'elles sont d'une seule pièce : la corolle n'a qu'un pétale qui fait le tour de la fleur. Beaucoup d'autres fleurs

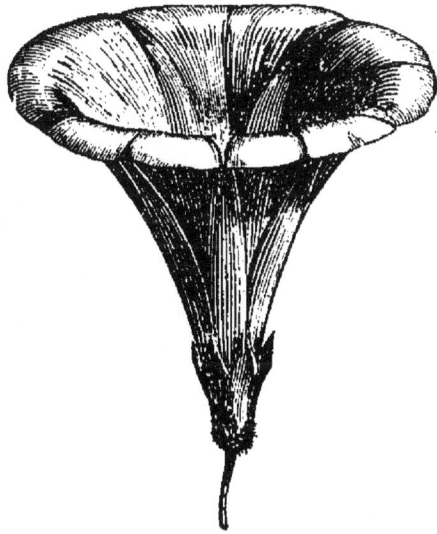

Fleur du liseron.

n'ont de même qu'un seul pétale.

Quant au calice, il y en a aussi de toutes les formes : certaines fleurs ont, comme la rose, leur calice formé de plusieurs parties ; mais

voyez les œillets : leur calice est d'une seule
pièce; il ressemble à une petite coupe verte, den-
telée sur le bord, de laquelle sortent les pétales.

Il y a tant de diversité dans la forme des

Fleurs du chêne.

fleurs, qu'il y en a même qui n'ont ni calice ni
corolle. Celles-là ne sont pas très belles; à peine
les aperçoit-on : vous ne les distingueriez pas
parmi les feuilles. Ainsi avez-vous vu des fleurs

de chêne? Avez-vous cueilli des fleurs de saule? Non, sans doute. Peut-être même croyez-vous que ces grands arbres n'ont pas de fleurs? Ils en ont pourtant; ils en sont couverts au printemps; mais ce sont de toutes petites fleurs sans corolle et parfois aussi sans calice. Les blés des champs, les gazons des prairies ont aussi des fleurs, bien qu'elles soient presque imperceptibles.

Toutes les fleurs ont-elles à peu près la même existence? — Ont-elles toutes la même forme?

Y a-t-il des fleurs qui ont un grand nombre de pétales pour former leur corolle?

Citez une de ces fleurs. Citez des fleurs qui ont cinq pétales, — quatre pétales. Y a-t-il des fleurs dont la corolle est formée d'un seul pétale?

Les *calices* des fleurs ont-ils tous la même forme?

Y a-t-il des fleurs dont le calice est formé de plusieurs parties?

Y a-t-il des fleurs dont le calice est d'une seule pièce?

Y a-t-il des fleurs sans calice?

Y a-t-il des fleurs sans corolle?

Les arbres dont vous n'avez pas remarqué les fleurs, en ont-ils pourtant?

Le blé, l'orge, les gazons des champs ont-ils des fleurs?

XI. Diversité des formes du fruit.

Comme nous le disions, mes enfants, tous les fruits ont été formés par des fleurs, et de même qu'il y a des fleurs de différentes formes, il y a aussi des fruits de toute forme, et de toute grandeur.

Les fruits dont la graine est entourée d'une enveloppe qui, en mûrissant devient molle,

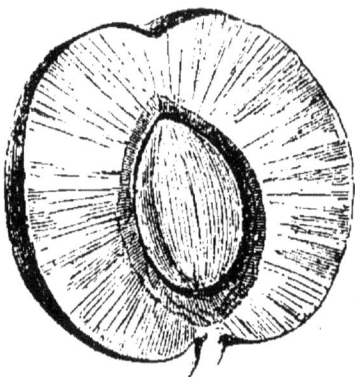

Pêche coupée pour faire voir
le noyau.

Capsule
de pavot.

et ordinairement bonne à manger, comme les groseilles, le raisin, les prunes, les poires, les pommes, sont appelés des *fruits charnus*, à cause de cette sorte de chair qui entoure la graine. Quand la graine est petite et entourée elle-même d'une peau flexible, comme dans la poire, cette graine se nomme un *pepin;* quand elle est renfermée dans une enveloppe dure comme du bois, ainsi que dans l'abricot, la pêche, elle s'appelle un *noyau*.

Les fruits qui n'ont pas d'enveloppe charnue se dessèchent en mûrissant au lieu de se ramollir. Leur graine est renfermée dans une espèce de boîte à compartiments. Cueillez, par exemple, une tête de pavot quand elle est mûre : elle est sèche ; et si vous la secouez, vous entendez le bruit des petites graines qui roulent dans l'intérieur. Les fruits de cette espèce s'appellent des *capsules,* mot qui signifie justement petites boîtes.

Vous avez vu des pois renfermés dans leur

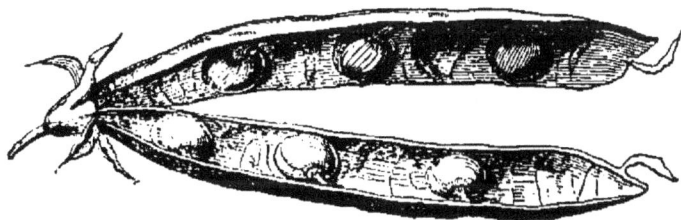

Gousse de pois.

petite boîte en forme d'*étui*. Cet *étui*, qu'on appelle une *gousse*, s'ouvre dans toute sa longueur, et l'on y trouve les pois, qui sont les graines. Ainsi sont les fèves, les haricots, les lupins, et beaucoup d'autres plantes.

Quand nous mangeons des pois ou des fèves, ce n'est donc pas le fruit tout entier que nous mangeons, c'est la graine sans l'enveloppe. De même dans le blé, c'est encore la graine elle-même que nous broyons en farine pour en faire du pain.

Nous aurions foule de choses à vous dire, mes enfants, sur ce joli sujet **des** fleurs et des fruits; nous réservons cela pour plus tard. Désormais, quand vous irez dans les champs ou dans les jardins, examinez les plantes qui s'y trouvent; touchez-les doucement sans les briser. Regardez comment sont faits le calice et la corolle des fleurs, quelle est la forme des fruits et des graines. Demandez le nom des plantes que vous ne connaissez pas; et ainsi vous commencerez à apprendre peu à peu, sans peine, ou plutôt avec beaucoup de plaisir, la charmante *science des plantes,* qu'on nomme la *Botanique.*

Les fruits des plantes ont-ils tous la même forme?
Y a-t-il des fruits formés d'une substance *succulente?* Que deviennent-ils en mûrissant?
Comment appelle-t-on ces fruits?
Y a-t-il des fruits qui ne sont pas *charnus?* Que deviennent ceux-là en mûrissant?

Citez des fruits charnus, et des fruits qui se dessèchent en mûrissant.

Comment appelle-t-on les fruits qui ont la forme d'une sorte de boîte contenant les graines?

Comment appelle-t-on les fruits en forme d'étuis allongés, qui se fendent dans toute leur longueur?

Citez des plantes dont le fruit est une gousse.

Est-ce toujours la même partie du fruit que nous mangeons?

Quelle partie mangeons-nous dans le blé? dans la noix? les pois? les prunes? etc., etc.

CULTURE DES PLANTES.

I. Le labourage.

Puisqu'il y a des plantes partout, et que beaucoup de plantes poussent sans qu'on s'en occupe, pourquoi donc se donne-t-on tant de peine à cultiver la terre? C'est que les plantes les plus utiles ne sont pas celles qui poussent naturellement en plus grande abondance. Si nous ne labourions pas, si nous ne semions pas, les champs se couvriraient d'herbes sauvages, parmi lesquelles croîtraient çà et là quelques maigres épis. Si nous ne cultivions pas les arbres de nos vergers, c'est à peine si nous trouverions quelques fruits dans les bois, et ces

fruits seraient sauvages, petits, âpres, de mau--
vaise qualité. Si nous cultivons la terre, c'est
donc pour lui faire produire les plantes utiles,
en grande quantité, et en même temps en bonne
qualité.

Charrue (sans avant-train).

Voilà un champ dont la terre est bonne, le
laboureur veut y semer du blé : que va-t-il
faire? Un matin il vient au champ, amenant
avec lui une *charrue*, traînée par des bœufs ou
des chevaux.

Ceux d'entre vous, mes enfants, qui demeurent à la ville, n'ont peut-être jamais vu de
charrue. Imaginez une sorte de petite charrette,
de traîneau, où sont fixés, en avant, un cou-

Le laboureur.

teau de fer qu'on nomme le *coutre*, et derrière
le coutre, une sorte de grand coin, aussi en
fer, qu'on nomme le *soc*. Ces deux outils de
fer sont fixés sous une longue pièce de bois,
quelquefois posée d'un bout sur deux roues, et
terminée par ces deux grands manches de bois
que vous voyez figurés sur le dessin, et qu'on
appelle les *mancherons*.

Quand les chevaux ou les bœufs tirent la charrue en avant, le *coutre* entre dans la terre, et la
coupe à mesure que la charrue avance ; en
même temps le *soc* placé derrière pénètre dans
la coupure, soulève la terre, et la rejette de
côté, en laissant un sillon creusé derrière lui.

Le laboureur dirige la charrue en poussant
sur les mancherons.

Quand la charrue est arrivée au bout du
champ, le laboureur la retourne en la soule-
vant par les mancherons ; les bœufs ou les
chevaux se retournent en même temps, et re-
partent pour creuser un nouveau *sillon* à côté
du premier Et ainsi de suite jusqu'à ce que
toute la surface du champ soit labourée.

Labourer, c'est donc remuer la terre végétale.
On laboure dans les champs avec une charrue, et dans les jardins avec une bêche.

Et pourquoi remuer la terre? C'est d'abord pour la diviser, afin que l'air et l'humidité la pénètrent mieux, et que les racines des plantes s'y enfoncent plus facilement. C'est aussi pour arracher et détruire les herbes nuisibles qui envahissent le terrain. Si on ne labourait pas la terre elle deviendrait dure; les graines qu'on y sème ne pourraient y germer, ou les petites racines naissantes ne pourraient s'y enfoncer. Il ne pousserait, dans cette terre inculte, que des plantes sauvages et inutiles.

Labourer la terre ne suffit pas pour obtenir de belles récoltes. Nous avons dit que les plantes puisent, pour s'en nourrir, les sucs de la terre par leurs racines; eh bien, pour que la terre ait beaucoup de ces sucs, il faut y mettre du fumier, des *engrais*. Quand la terre a été bien labourée, et convenablement *fumée*, on peut y mettre la semence.

Pousse-t-il des végétaux presque partout?

Pourquoi faut-il *labourer* la terre puisque les plantes viennent sans culture?

Les plantes qui viennent sans culture sont-elles d'un aussi bon usage pour nous?

Comment laboure-t-on à la bêche? — à la charrue?

Comment est faite la charrue? Qui traîne la charrue?

A quoi sert le soc de la charrue?

Pourquoi faut-il que la terre soit remuée?

Faut-il faire encore autre chose que de labourer la terre pour la préparer à porter une belle récolte?

II. Semer et planter.

La semence, c'est la graine que l'on met dans la terre. Le laboureur jette le grain dans le sillon, puis le recouvre de terre. Cela fait, il faut attendre; dans quelque temps cette semence germera.

Si, au lieu de blé, c'est une autre plante que le laboureur veut faire pousser, du lin ou du chanvre par exemple, il prépare la terre de la même manière, puis il y sème des graines de lin ou de chanvre.

Quelquefois, mes enfants, au lieu de semer les graines dans toute l'étendue des champs, on les sème à part dans un coin de terre; et puis, quand les petites plantes commencent à grandir, on les enlève avec précaution. On fait dans les champs labourés de petits trous de distance en distance. Dans chacun de ces trous on enfonce la racine d'une des jeunes plantes que l'on vient d'arracher. Bientôt le végétal ainsi changé de place recommence à croître comme s'il n'avait pas été arraché : cela s'appelle *planter*.

On plante de cette manière les arbustes et les arbres, quand ils sont encore très jeunes. Seulement pour les arbres qui sont déjà un peu grands, on creuse un trou plus large et plus profond, qu'on appelle une *fosse*. Puis on rabat soigneusement la terre autour du pied, afin que la racine soit entièrement recouverte.

Voilà les végétaux semés ou plantés dans les champs; il y a encore quelques soins à leur donner. Tantôt il faut arracher les plantes nuisibles qui les étoufferaient : cela s'appelle *sarcler*. D'autres fois la terre n'est pas assez humide, il faut *arroser*. Il faut *tailler* les arbres à fruits, c'est-à-dire couper quelques-unes de leurs branches les moins utiles, afin de faire produire les autres.

Qu'est-ce que semer? Comment sème-t-on?
Sème-t-on toujours les graines dans l'endroit même où la plante doit grandir?
Qu'est-ce que planter?
Quels végétaux plante-t-on d'ordinaire?
Comment plante-t-on un petit végétal?
Comment plante-t-on un arbre?
Sont-ce les vieux arbres qu'on plante, ordinairement?
Quels soins faut-il encore prendre après que les végétaux sont plantés ou semés?

III. La récolte.

Enfin la plante a grandi, elle a fleuri, la fleur a passé, les fruits ont grossi et sont mûrs : on peut recueillir.

Recueillir, c'est ce qu'on appelle : faire la récolte. La récolte se fait dans l'été et à l'automne.

Nous n'avons pas besoin de vous dire comment on cueille les fruits des arbres, à mesure qu'ils mûrissent. Mais les plantes *annuelles* des champs, il faut les couper ou les arracher, avant de recueillir la partie de la plante qui nous est utile. Ainsi on arrache le lin et le chanvre pour en enlever ensuite les fils. On arrache les pommes de terre pour en détacher les *tubercules* que nous mangeons, et qui se trouvent dans la terre près des racines de la plante. On coupe avec de grandes faux l'herbe des prairies, puis on la fait sécher au soleil afin de la conserver pour la nourriture des animaux, à l'écurie et à l'étable. On coupe aussi le blé, l'orge, le seigle, pour détacher les grains contenus dans leurs épis : la récolte de ces plantes s'appelle la *moisson*.

Si vous allez à la campagne pendant l'été,

vous verrez faire la moisson. Quand le blé qui était d'abord vert, est devenu d'un beau jaune doré, que le grain est mûr, les moissonneurs s'en vont aux champs avec de grandes faux ou bien de petites faux en forme de croissant, qu'on appelle des *faucilles;* ils coupent le *chaume,* c'est-à-dire la tige de la plante, près de la terre, puis l'étendent sur les sillons, afin que la tige et le grain achèvent de sécher au soleil.

Ensuite, pour serrer facilement tout ce blé, on en fait des *gerbes* attachées avec des liens de paille, c'est-à-dire avec une sorte de corde formée de quelques tiges de chaume tordues ensemble. On charge ces gerbes sur des chariots traînés par des bœufs ou des chevaux, et on les apporte sur l'*aire,* c'est-à-dire sur un terrain durci et bien nivelé.

Alors il s'agit de faire sortir le grain de l'épi. Cela se fait de plusieurs manières. Quelquefois on étend le blé sur l'aire en déliant les gerbes, puis on frappe fortement sur les épis, avec de longs bâtons emmanchés qu'on appelle des *fléaux.* D'autres fois on se sert d'une machine appelée *batteuse,* qui froisse les épis de manière à en détacher le grain; la batteuse mécanique travaille plus vite que les fléaux, et cause moins de fatigue aux travailleurs.

Quand le grain est détaché, il faut le séparer des débris de paille auxquels il est mêlé. Pour cela il suffit de faire tomber le grain d'un peu haut, quand il fait du vent; le vent emporte au loin les débris de paille qui sont légers, et le grain plus lourd tombe sur la terre où on le recueille pour le porter au grenier. Mais comme il ne fait pas toujours du vent, on a inventé une machine qui secoue vivement le grain, et produit en même temps un courant d'air qui enlève la paille. Vous comprenez, mes enfants, combien sont utiles ces machines qui épargnent tant de peine aux hommes.

Nous vous raconterons plus tard les autres travaux des champs, ainsi que la manière de récolter et de préparer les plantes employées à notre usage. Nous vous avons d'abord parlé du blé et des graminées qui lui ressemblent, parce que ce sont ces plantes qui nous fournissent le principal de nos aliments et le meilleur : le pain.

Qu'est-ce que récolter?
A quelle époque de l'année se font d'ordinaire les récoltes?

Comment récolte-t-on le blé, le lin, les pommes de terre?

Comment fait-on la récolte des *fourrages?*

Comment se nomme la récolte du blé et des autres plantes semblables?

Que fait-on du blé récolté? Comment bat-on le blé?

Que faut-il faire pour nettoyer le grain?

IV. Les vendanges.

Quand vient l'automne, quand les raisins ont mûri et sont devenus transparents et sucrés, les *vignerons* vont le long des *treilles*, et dans les champs plantés de *vignes*, pour en faire la récolte. La récolte des raisins se nomme la *vendange.*

Ceux ou celles d'entre vous qui demeurent dans un pays où il y a beaucoup de vignes, ont vu cela sans doute. Les vendangeurs détachent les grappes et les recueillent dans des paniers qu'ils rapportent sur leurs épaules. Ils versent ce raisin dans de grandes cuves, où d'autres vignerons les *foulent*, c'est-à-dire les écrasent avec des pilons. Alors le jus des raisins coule; et les grappes écrasées sont ensuite pressées dans une machine que l'on nomme un *pressoir.*

Ce jus de raisin est d'un goût sucré comme les raisins eux-mêmes; si on le buvait dans ce moment il serait doux, mais malsain. On le recueille dans des cuves où on le laisse séjourner quelques jours. Bientôt il bouillonne, de l'écume se forme à sa surface : on dit alors que le jus *fermente*. Quand il a fini de fermenter, il n'a plus ni le même goût ni la même couleur; il n'est plus sucré, il est devenu quelque chose que vous connaissez sans doute : c'est du vin, boisson bienfaisante quand on en boit modérément

Mais pour que le raisin mûrisse, il faut une assez grande chaleur. Dans beaucoup de pays, et même dans une partie de la France, il ne fait pas assez chaud pour cela. Dans les pays où la vigne ne mûrit pas, on ne peut faire de vin. Alors au lieu d'écraser et de presser des raisins, on écrase et on presse des pommes et des poires, que le sol de ces pays produit en abondance; et avec le jus de ces pommes et de ces poires, on fait une boisson qui remplace le vin. C'est cette boisson qui se nomme le *cidre*.

Vous ne demanderez plus, mes enfants, pourquoi on se donne tant de peine à cultiver la terre, puisque maintenant vous savez que, sans le travail des laboureurs, il n'y aurait ni pain, ni vin, ni légumes, ni fruits, ni aucune des choses les plus nécessaires à notre existence. La culture de la terre s'appelle l'*agriculture*, et l'on dit avec raison que l'agriculture est la première de toutes les *industries*.

Qu'appelle-t-on la *vendange?*

Comment se nomment les ouvriers qui cultivent les vignes?

Que fait-on du raisin recueilli? Dans quoi le met-on? Comment l'écrase-t-on? Que fait-on de son jus? Que devient ce jus après quelques jours?

Faut-il beaucoup de chaleur pour que le raisin mûrisse complétement?

Tous les pays sont-ils assez chauds pour que le raisin y mûrisse?

Quelle boisson fait-on pour remplacer le vin, dans certaines parties de la France?

Avec quoi fait-on le cidre? Comment le fait-on?

Qu'est-ce que l'agriculture? Pourquoi dit-on que l'agriculture est la première et la plus nécessaire de toutes les industries?

LE RÈGNE MINÉRAL.

LES ROCHES.

I. Le sous-sol.

Vous vous êtes peut-être arrêtés quelquefois, mes enfants, à regarder des ouvriers creusant un fossé, ou des laboureurs faisant un trou pour planter un arbre.

Pendant que vous les regardiez, ne songiez-vous pas à vous dire : Qu'y a-t-il au-dessous de la terre qu'on laboure? Et si l'on creusait beaucoup, beaucoup, que trouverait-on?

Ce qu'on trouverait, mes enfants? on trouverait de la pierre. — Partout? — Oui, partout. Sous la terre végétale, et quelquefois sous une grande épaisseur de sable ou d'argile, il y a la pierre, la roche. Nous ne l'apercevons pas ordinairement; mais à certains endroits, là où il

n'y a ni terre ni sable ; sur les collines et les
montagnes, où les chemins sont quelquefois
taillés dans le roc, nous voyons la pierre à nu.

La roche sous la terre végétale

Il y en a donc partout ; mais elle n'est pas
partout également facile à atteindre.

Quand on veut extraire de la pierre, on
choisit les endroits les plus commodes, ceux
où il y a une moins grande épaisseur de terre
à enlever. C'est ordinairement sur la pente des
collines que l'on creuse les *carrières*.

Qu'appelle-t-on *terre végétale?*

Qu'y a-t-il sous la terre végétale?

Faut-il quelquefois creuser profondément pour trouver de la pierre ?

Y a-t-il des endroits où il n'y a pas de terre végétale, et où l'on voit à nu la pierre, la roche?

Qu'est-ce qu'une carrière?

II. La carrière.

La pierre ne se trouve pas toute taillée, comme vous le pensez bien. Elle n'est même pas divisée en morceaux convenables pour construire un mur. On la trouve en blocs énormes, qu'il faut d'abord diviser.

Les ouvriers *carriers* enfoncent à coups de marteau de grandes barres de fer dans les fentes de la pierre, du rocher; puis ils agrandissent la fente et détachent des morceaux en secouant la barre de fer, et en frappant de grands coups avec de forts outils pointus.

Mais le travail à la main n'est pas toujours suffisant. Il y a des pierres si dures qu'on ne parviendrait pas ainsi à les briser.

Alors comment faire?

On creuse dans le roc un trou étroit; on le remplit de poudre de même nature que celle qu'on met dans les fusils; puis on bouche le trou en ne laissant qu'une toute petite ouverture pour pouvoir y mettre le feu : c'est ce qu'on appelle faire une *mine*.

Vous savez que la poudre, en s'enflammant

Ouvriers creusant un trou de mine.

tout à coup, produit une violente secousse avec un grand bruit : c'est ce qu'on appelle une *explosion*. Aussi, quand on met le feu à une mine, l'explosion est si forte qu'on entend le bruit au loin comme un coup de canon. En même temps la secousse est si terrible qu'une partie du rocher éclate ; des pierres sont lancées dans toutes les directions ; de gros blocs se détachent et s'écroulent, d'autres sont fendus, et l'on peut ensuite achever de les détacher avec des outils.

On retire de la carrière les pierres détachées par l'explosion de la mine. Les plus petits morceaux, qu'on appelle des moellons, sont employés pour bâtir les murs ; les plus beaux morceaux sont gardés pour être taillés : c'est ce qu'on appelle de la *pierre de taille*.

Que faut-il faire d'abord, pour pouvoir enlever la pierre de la carrière?

Comment s'y prend-on pour la détacher par morceaux?

Quand les outils de fer ne suffisent pas, que faut-il faire? Qu'appelle-t-on une *mine?*

Décrivez l'effet de la *mine*.

III. Les granits.

Il ne faudrait pas croire, mes enfants, que la pierre que l'on extrait, avec tant de peine quelquefois, est partout la même ; il y en a un très grand nombre d'espèces différentes.

Vous avez dû remarquer déjà que les pierres employées pour construire, celles qui servent à paver les rues, le marbre dont on fait les cheminées, ne se ressemblent pas du tout.

Nous vous apprendrons à connaître les principales espèces de pierres ; mais nous pouvons déjà vous parler des deux roches les plus importantes, et les plus intéressantes pour nous.

Dans certains pays on trouve une pierre excessivement dure, qu'on appelle le *granit;* c'est une belle roche de couleur grise, rose, ou blanchâtre; elle est composée de petits grains, réunis, et comme soudés ensemble. Quelques uns de ces petits grains sont extrêmement brillants, ils étincellent au soleil. Le granit est si dur qu'on ne peut le couper comme les autres pierres. Pour lui donner la forme qu'on veut, il faut en détacher les parcelles en le frappant à coups de lourds marteaux, jusqu'à ce que le morceau soit devenu tel qu'on le désire.

Dans les pays dont je vous parle, le sol, au-dessous de la terre végétale, est partout formé de cette sorte de roche : c'est ce qu'on appelle un sol *granitique.*

Vous comprenez que quand on veut bâtir, on emploie de préférence la pierre qui forme le sol du lieu qu'on habite. Dans les pays où le sol est granitique, c'est ordinairement avec du granit que l'on construit les maisons. Dans les autres pays on emploie le granit seulement pour faire les seuils de portes, le bord des trottoirs, parce que cette pierre étant très dure, s'use moins promptement que les autres.

Y a-t-il des pierres de différentes espèces?
Citez un genre de pierre extrêmement dure.
Quel aspect a le *granit*?
Comment le taille-t-on? Qu'en fait-on d'ordinaire?
Y a-t-il des pays dont le *sol*, au-dessous de la terre végétale, est formé de roche de granit, ou semblable au granit?
Comment nomme-t-on le sol de ces pays?

IV. Les calcaires.

L'autre espèce de roche dont nous voulons parler cette année est moins dure que le granit, vous pourriez même assez facilement la creuser avec votre couteau; elle est ordinairement d'un blanc jaunâtre; quand on la râpe, elle donne une poussière fine qui blanchit les doigts. On taille cette pierre en la coupant avec une scie.

Les pierres de cette sorte sont appelées des *calcaires*: mot qui signifie qu'on peut en extraire de la chaux.

Il y a beaucoup de pays où le sol, au-dessous de la terre végétale, est formé de cette roche : c'est ce qu'on appelle un *sol calcaire*.

Là où le sol est calcaire, les maisons sont naturellement bâties avec de la pierre calcaire.

Vous avez vu sans doute, mes enfants, cette espèce de pierre ; on pourra du moins vous la montrer facilement, parce que, n'étant pas très dure, elle est facile à travailler, et très-souvent employée dans la construction.

Comment nomme-t-on cette sorte de pierre moins dure, avec laquelle on pourrait fabriquer de la chaux ?

Y a-t-il des pays où le sol (au-dessous de la terre végétale) est formé de roches calcaires ? Comment appelle-t-on le sol formé de ces sortes de roches ?

A quoi emploie-t-on de préférence la pierre calcaire ?

Pourquoi la préfère-t-on pour faire des sculptures ?

V. La pierre à chaux et la pierre à plâtre.

On pourrait, à la rigueur, faire de la chaux avec toutes les pierres calcaires ; mais pour avoir de bonne chaux, on choisit naturellement parmi les pierres calcaires celle qui est la plus convenable, et qu'on appelle spécialement, à cause de cela : *pierre à chaux*.

Voici comment on fabrique la chaux :

On commence par bâtir un très grand four, ouvert par le haut, et dont l'intérieur est en forme d'entonnoir renversé. On y entasse la pierre cassée en morceaux.

Au fond du four, en dessous de la pierre, on a ménagé un espace où l'on allume un grand feu, qu'on entretient jour et nuit, jusqu'à ce que les pierres soient devenues rouges comme des charbons ardents, ou comme un morceau de fer qu'on retire du feu de la forge. A ce moment, les pierres sont cuites ; elles sont devenues ce qu'on appelle de la *chaux vive ;* il n'y a plus qu'à les laisser refroidir pour les employer.

On emploie la chaux soit pour blanchir les maisons, soit pour faire le mortier. Mais avant de l'employer, il faut l'*éteindre.* On *éteint* la chaux vive en jetant de l'eau dessus. Alors cette chaux, qui était une pierre froide, s'échauffe ; l'eau s'échauffe aussi, elle bouillonne, elle lance de la vapeur comme si elle était sur le feu ; elle devient brûlante, et il serait dangereux d'y toucher.

En même temps, la chaux se délaie, et devient comme une bouillie blanche.

Quand la chaux est éteinte et refroidie, on y mêle du sable ou de la terre pour en faire du mortier, ou on la délaie avec de l'eau pour blanchir les murailles.

Le plâtre provient d'une pierre comme la chaux. On le fabrique à peu près de la même manière, seulement on fait cuire la pierre à plâtre avec un feu moins vif; et quand elle est cuite, on l'écrase dans un moulin fait exprès, pour la réduire en une poudre blanche et fine comme de la farine. Le plâtre devient alors cette poussière que les ouvriers délaient avec de l'eau pour en faire une pâte, un mortier fin et blanc, avec lequel ils enduisent les murs. Faire ce mortier, s'appelle *gâcher* le plâtre.

Le plâtre s'échauffe aussi un peu quand on le délaie avec de l'eau, mais beaucoup moins que la chaux vive.

Comment nomme-t-on la pierre **calcaire** employée spécialement pour faire de la chaux?
Décrivez le four à chaux.
Comment cuit-on la chaux?
Qu'appelle-t-on *éteindre* la chaux?
Qu'arrive-t-il quand on verse de l'eau sur la chaux?
Comment fait-on le mortier avec la **chaux éteinte**?
Comment nomme-t-on la pierre dont on fait du plâtre?
Faut-il faire *cuire* aussi la pierre à plâtre? Faut-il la chauf-

fer aussi fort que la pierre à chaux? Quel est l'aspect du plâtre?

Le plâtre s'échauffe-t-il aussi quand on le délaie avec de l'eau?

Le mortier de plâtre durcit-il rapidement?

VI. La formation des bancs de sable.

Avez-vous vu quelquefois tomber une pluie d'orage? En un instant tout est inondé. Les gouttières versent l'eau à torrents; sur le sol, dans la cour, dans les chemins, il se forme de petits ruisseaux d'eau mêlée de terre. Quand l'averse est passée, le sol est tout *raviné*, comme on dit, c'est-à-dire creusé, sillonné, surtout aux endroits où se sont formés les ruisseaux. L'eau en courant a emporté au loin la terre et le sable.

Mais quand la pluie ne tombe plus, ces ruisseaux cessent de couler aussi vite; les petits cailloux qu'ils entraînaient s'arrêtent, se *déposent*, et forment, là où ils se trouvent, de petits amas de sable.

Enfin l'eau ralentissant peu à peu son cours, forme de petites mares dans les creux du terrain. Là, elle cesse d'être agitée, elle s'arrête et se repose. Bientôt elle redevient transparente, parce que la terre délayée qu'elle contenait tombe au fond, se *dépose* comme le sable, mais plus lentement. Son dépôt forme au fond de l'eau une sorte de terre fine et molle qu'on appelle du *limon*.

Si vous avez quelquefois regardé au fond d'un ruisseau, vous avez aperçu, aux endroits où l'eau est claire et peu profonde, une petite couche de sable fin. C'est l'eau du ruisseau qui a entraîné ce sable grain à grain, et l'a déposé à cet endroit, où il forme ce que nous pouvons appeler un petit *banc de sable*.

Les rivières et les fleuves, qui sont de grands cours d'eau, forment de la même manière de grands bancs de sable, et des amas de limon.

La mer aussi en dépose au fond de ses eaux salées; elle apporte et jette, à certains endroits de ses rivages, une quantité de sable fin qui forme, au bord de l'eau, de grandes étendues presque planes qu'on appelle des *plages*.

Il y a du sable composé de petits cailloux arrondis, qu'on met dans les allées des jardins et dans les cours de récréation des écoles; mais il y a d'autre sable dont les grains sont si petits qu'on les distingue à peine: celui-là ressemble à de la pierre écrasée. C'est qu'en effet, le sable est de la pierre écrasée. Nous vous expliquerons plus tard comment il se fait que la roche, qui est si dure, puisse être ainsi réduite en petits grains.

Qu'arrive-t-il sur le sol après une grande pluie?

Les petits ruisseaux entraînent-ils des grains de sable?

Les grains de sable entraînés s'accumulent-ils en dépôt?

L'eau qui coule ainsi sur la terre est-elle trouble?

Qu'arrive-t-il dans les petites mares d'eau trouble qui se forment dans les creux du sol, quand la pluie a cessé de tomber?

Comment les ruisseaux forment-ils de petits *bancs* de sable au fond de leur lit?

Les rivières et les fleuves déposent-ils de même de grands bancs de sable?

La mer dépose-t-elle aussi du sable au fond de ses eaux et le long de ses rivages?

Comment appelle-t-on les grandes étendues de sable déposé par la mer le long des rivages?

De quoi le sable est-il formé? Le sable est-il en effet de la pierre écrasée?

VII. Le dépôt des argiles.

Nous vous avons rappelé, mes enfants, ces petites mares d'eau trouble qui se forment sur le sol pendant la pluie, et qui deviennent ensuite claires et transparentes en se reposant, et en déposant leur limon.

L'eau des ruisseaux, des rivières, des étangs

se trouble aussi après les grandes pluies, parce qu'elle se trouve alors mêlée de parcelles de terre. Comme les parcelles de terre sont beaucoup moins lourdes que les grains de sable, elles se déposent plus lentement.

L'argile, dont nous vous avons parlé l'année dernière, et dont on se sert pour fabriquer les poteries de toute sorte, l'argile a été déposée autrefois par les eaux, de la même manière que le limon qui se forme au fond des petites mares et des étangs.

Comment le limon se dépose-t-il au fond des petites mares que forme la pluie?

Que devient alors l'eau troublée qui forme ces mares?

Comment se dépose le limon dans les étangs, les lacs et les fleuves?

Comment s'est déposée autrefois cette terre si fine que nous appelons l'argile?

VIII. La terre végétale.

Mais la terre *végétale* qui recouvre presque partout la roche, et qu'il faut d'abord enlever pour extraire la pierre qui est en dessous, de quoi est-elle formée?

La terre végétale, mes enfants, est composée d'argile mêlée à beaucoup de sable, et même à de petits cailloux; mais elle contient encore une autre chose nécessaire à la végétation.

Vous avez vu, à l'automne, les feuilles des arbres jaunir, se détacher des branches, et tomber sur le sol. Le sol étant humide, elles y pourrissent, et leurs débris se mêlent à la terre. Les racines et les tiges des herbes, les mousses, les végétaux de toute sorte, pourrissent de même sur le sol; leurs débris s'y mêlent et l'engraissent, c'est-à-dire lui fournissent les sucs nécessaires à la nourriture des plantes qui naîtront à leur place. Ainsi aucune partie des végétaux n'est perdue, pas même la petite feuille que le vent emporte, puisqu'elle contribue à la formation de la terre végétale.

De quoi est principalement composée la terre végétale?

Que deviennent les débris de végétaux qui pourrissent sur le sol?

A quoi servent les débris de végétaux qui se mêlent à la terre?

LES MINERAIS.

I. L'extraction du minerai.

Qu'est-ce qu'un minerai? C'est une espèce de roche contenant un métal que nous pouvons en retirer en la travaillant convenablement. Voici

comment on s'y prend pour retirer un minerai du sein de la terre.

Mais d'abord vous demanderez sans doute à
quoi on peut reconnaître ces *pierres à métal*,
des autres pierres? Pour les reconnaître, il faut
être instruit, car elles ne ressemblent guère au
métal que chacune d'elles contient.

Le *minerai de fer* a ordinairement la couleur
de la rouille ; le *minerai de cuivre* est jaune, ou
vert comme le vert-de-gris ; le *minerai de plomb*
est une jolie pierre grise et brillante.

Il y a un grand nombre d'autres minerais
que les savants connaissent. Ce qui vous éton-
nera sans doute, c'est que les savants peuvent
même reconnaître d'avance le lieu où chaque
minerai doit se trouver; et c'est d'après leurs
indications que l'on commence les fouilles,
c'est-à-dire que l'on creuse les trous qu'on appelle *puits de mine*.

Vous avez probablement regardé quelquefois,
en vous penchant avec précaution et vous re-
tenant à la main d'une grande personne, dans
ces puits d'où on tire de l'eau avec un seau
attaché à une longue corde : vous les trou-
viez noirs et profonds à faire peur.

Eh bien, figurez-vous un puits immense, bien

autrement profond que tous ceux que vous avez vus. Si vous vous penchiez au bord, vous n'en verriez pas le fond ; vous n'y verriez pas d'eau non plus : rien qu'un trou noir. Savez-vous pourquoi on a fait ce puits ? C'est pour aller chercher le minerai, qui est tout en bas, profondément caché dans la terre. Et lorsque, à force de creuser, on est arrivé aux profondeurs où se trouve le minerai, on le détache par morceaux, à coups de pic, comme on fait pour la pierre à bâtir qu'on extrait de la carrière.

A mesure qu'on enlève le minerai, la place d'où on le retire reste vide, et forme des souterrains qu'on appelle des *galeries*. Dans une mine il y a donc le *puits* par lequel on descend, et les *galeries* qui s'étendent de tous les côtés, et que l'on continue de creuser tant qu'il reste du minerai dans la mine. Ces galeries sont comme une suite d'immenses caves, qui correspondent toutes les unes avec les autres.

Vous pensez bien que le jour ne pénètre jamais dans le fond de la mine : il y fait noir !... comme il peut faire noir sous terre. Pourtant, il faut travailler ; et puisqu'on ne peut travailler sans voir son ouvrage, les ouvriers *mineurs* ont chacun une petite lampe, à la lueur de laquelle ils vont, viennent et travaillent. A mesure qu'ils détachent le minerai, ils le roulent dans des brouettes jusqu'à l'entrée de la galerie, c'est-à-dire dans l'intérieur du puits d'où partent toutes les galeries.

Maintenant il s'agit de monter le minerai jusqu'en haut. Vous pouvez vous faire une idée de la manière dont on s'y prend, en vous rappelant comment on tire l'eau d'un puits ordinaire. On a d'abord une très grosse corde, très solide, et assez longue pour atteindre jusqu'au fond de la mine. Cette grosse corde est passée sur une poulie fixée au-dessus du puits, et deux grandes tonnes sont attachées à chaque bout comme des seaux. Lorsque l'une de ces tonnes descend d'un côté, l'autre tonne remonte de l'autre côté. Les mineurs qui sont au fond du puits emplissent une de ces tonnes du minerai qu'ils ont amené des galeries, puis ils donnent le signal pour la faire monter. Quand la tonne est arrivée au haut du puits, on la décharge; elle redescend alors, tandis que celle qui est à l'autre bout de la corde remonte : c'est donc un va-et-vient continuel.

Vous vous demandez peut-être comment ou

peut se hasarder à descendre dans un puits si noir et si profond, et comment on peut en remonter quand on y est descendu? C'est bien simple : on se place dans une des tonnes à minerai, et on se trouve descendu ou remonté à volonté[1] et sans fatigue.

Qu'est-ce qu'un minerai?

Faut-il être savant pour distinguer un minerai d'une autre pierre?

Y a-t-il beaucoup d'espèces de minerais?

Comment se nomme le trou par lequel on extrait les *minerais* de la terre?

Décrivez la mine d'où on extrait le minerai.

Comment détache-t-on le minerai?

A quoi comparez-vous une mine?

Fait-il sombre dans une mine?

Comment s'y éclaire-t-on?

Comment peut-on y descendre et en remonter?

II. La transformation du minerai.

Comme nous vous l'avons déjà expliqué, mes enfants, il y a du minerai de diverses espèces; une mine d'où on retire du minerai de fer se nomme une *mine de fer;* celle d'où on tire le minerai de cuivre s'appelle une *mine de cuivre*, cela va de soi.

1. Voir dans les *Petites lectures*, 2ᵉ année, celle qui est intitulée: *La mine*.

Toutes les mines sont faites à peu près de la même manière, parce que retirer du fond de la terre un minerai ou un autre, c'est toujours le même travail à exécuter.

Supposons donc que ce soit une mine de fer que nous sommes allés visiter. Nous sommes descendus par le grand puits pour voir comment on retire le minerai ; nous sommes allés au fond d'une galerie remplir nos poches de ce minerai. Maintenant nous voilà remontés sur la terre, et nous regardons au grand jour cette pierre qu'on se procure avec tant de peine. La voilà telle qu'on l'a trouvée : elle est brune comme la rouille, ou quelquefois grisâtre. Cette pierre contient du fer : mais il faut l'en extraire. Le travail n'est pas fini, il ne fait que commencer.

Auprès de la mine on a bâti un fourneau énorme, haut comme une tour. Quand on vous dira qu'on l'appelle un *haut fourneau*, vous ne demanderez donc pas pourquoi. Dans ce fourneau on allume un grand feu qu'on entretient jour et nuit sans interruption. Pour que le feu soit plus vif, il y a des espèces de grands soufflets qui le soufflent continuellement : de sorte que cela fait une fournaise effroyable. Dans ce brasier on jette alternativement le minerai de fer et le charbon, à charretées.

Peu à peu le minerai chauffé si fort se ramollit; il finit par devenir liquide, et coule comme du plomb fondu. Il descend naturellement au fond du fourneau, dans l'endroit le plus creux. Alors on débouche une ouverture faite exprès, et le *fer fondu*, qu'on appelle la *fonte*, s'élance par là, comme l'eau s'élance d'un réservoir quand on ouvre le robinet. Mais cette fonte est brûlante, elle est éclatante et brillante comme une flamme, on dirait *du feu qui coule*.

Si vous avez quelquefois vu fondre des cuillers de plomb, vous savez comment, quand le plomb est fondu, on le fait couler dans un *moule* en forme de cuiller où il se refroidit. En refroidissant il redevient *solide*, et garde la forme du moule dans lequel on l'a versé pendant qu'il était liquide. Pour le fer fondu, c'est la même chose. Quand il sort liquide du fourneau, on le fait couler dans des *rigoles* creusées exprès, où il se refroidit, et quand il est devenu solide il a la forme de grosses barres de fer.

Ce fer, qui n'a été que fondu, s'appelle encore de la *fonte* après qu'il est refroidi. On en fait des grilles, des balcons, des tuyaux, des marmites, et beaucoup d'autres objets utiles. Mais la fonte n'est pas du fer parfait ; on ne peut pas la forger pour lui donner la forme qu'on veut, elle est trop dure, et en même temps trop cassante. Pour que la fonte devienne de bon fer, il faut la travailler davantage.

On la met de nouveau dans un four ardent, et lorsque le feu l'a rendue rouge et molle, on la frappe avec d'énormes marteaux, pour la pétrir. Après avoir été bien pétrie sous les gros marteaux, la *fonte* est devenue du *fer*. Alors on peut forger ce fer, le limer, lui donner toutes les formes, et en fabriquer tous les objets dont nous avons besoin.

Tout cela, mes enfants, vous fera comprendre combien il faut se donner de peine quand on veut arriver à quelque chose d'utile. Avant d'être travaillé, qu'était le minerai ? Une simple pierre, et encore cette pierre telle qu'elle était ne pouvait servir à rien. Mais lorsqu'elle a été travaillée avec intelligence, elle est devenue du *fer*, c'est-à-dire le plus utile de tous les métaux, celui qui sert aux plus nombreux usages, et par conséquent celui qui nous est le plus précieux[1].

1. Voyez *La mine*, 2ᵉ partie. *Petites lectures*, 2ᵉ année.

Quel nom donne-t-on au minerai dont on retire du cuivre? du plomb? du zinc? etc.

Le travail est-il terminé quand on a retiré le minerai de la mine? Que reste-t-il à faire?

Comment transforme-t-on en *fonte* le minerai de fer?

Comment appelle-t-on le grand fourneau où l'on chauffe le minerai?

Que devient le minerai versé dans le fourneau?

Comment appelle-t-on le fer fondu?

Comment *coule*-t-on le fer fondu?

Le fer fondu ainsi peut-il servir à faire certaines choses?

Que faut-il faire pour que la fonte devienne de bon fer qu'on puisse forger?

Il faut donc beaucoup de travail pour transformer un minerai en métal?

III. Les métaux.

Et maintenant si, au lieu d'avoir du minerai de fer, on avait du minerai de cuivre, ou du minerai de plomb, s'y prendrait-on de la même manière pour en extraire le cuivre ou le plomb?

Pas tout à fait, mes enfants. C'est toujours à l'aide du feu qu'on extrait ces métaux de leur minerai; mais vous comprenez que chaque métal doit être travaillé selon sa nature.

Il existe un grand nombre de métaux; les plus utiles, ceux qu'il est bon de vous faire connaître sont:

Le *fer,* qui est gris foncé, avec lequel on fa-

brique presque **tous les outils**, et dont nous venons de vous dire les principaux usages.

L'argent, qui est blanc, et sert à faire des
pièces de monnaie.

L'or, qui est jaune, employé aussi pour faire
des pièces de monnaie ainsi que des bijoux, des
objets d'ornement.

Le *plomb,* le *zinc,* l'*étain,* qui sont gris tous
trois; ils servent à faire des gouttières, des
couvertures de maisons, des tuyaux.

Le *cuivre,* qui est rouge, employé pour des
ustensiles de cuisine.

Ce que vous entendez appeler du cuivre jaune,
et qui sert à faire des flambeaux, des bougeoirs,
des boutons de porte, n'est qu'un mélange de
cuivre et de zinc, comme nous vous l'expliquerons plus tard : le vrai nom de ce mélange
c'est : du *laiton.*

Les autres minerais doivent-ils être travaillés à peu près
comme le minerai de fer? Y a-t-il des différences, cependant, dans la manière de les travailler?

Citez quelques-uns des métaux les plus en usage.

Qu'est-ce que le laiton?

LE COMBUSTIBLE MINÉRAL.

Et ce *charbon de terre* qui brûle, avec une flamme si brillante, dans la grille de fer des cheminées, dans les poêles, dans le foyer des forges, d'où vient-il? On le retire du sein de la terre par une mine; et pourtant ce n'est pas un minerai. A le voir on dirait une pierre noire, luisante; et cependant ce n'est pas une pierre.

Le charbon de terre, appelé aussi *houille*, est un minéral *combustible*, c'est-à-dire une matière minérale qui peut entretenir le feu.

Le charbon de terre se trouve en quantités énormes au-dessous du sol de certains pays. La mine qu'on creuse pour l'extraire est semblable aux mines d'où l'on extrait les minerais, et les mineurs y travaillent de la même manière. Seulement, il y a dans les mines à charbon de terre un danger que vous allez bien comprendre : c'est que le feu peut prendre au charbon!... Quelquefois aussi il sort du charbon des *gaz* qui s'enflamment tout à coup, en causant un bruit terrible et une secousse épouvantable. Pour éviter ces tristes accidents, il faut beaucoup de prudence.

Le charbon n'a pas besoin d'être travaillé, il peut être employé en sortant de la mine. Vous savez comme il brûle et comme il chauffe. Seulement il donne beaucoup de fumée, une fumée épaisse et noire, surtout lorsqu'il commence à brûler. Quand il est à demi consumé, il ne donne plus ni fumée ni flamme. Si on l'éteint alors, on voit qu'il a changé d'aspect; il était noir, il est devenu gris. Il était lisse et brillant, il est devenu rude au toucher, et percé de petits trous presque comme une éponge. Il est maintenant ce qu'on appelle du *coke*.

Le coke peut encore brûler, on s'en sert comme du charbon de terre; mais il ne produit pas de fumée, et presque pas de flamme.

Outre les minerais et les pierres, que trouve-t-on encore dans la terre?

Le charbon est-il un minerai?

Comment appelle-t-on encore le charbon de terre?

Comment retire-t-on ce charbon de la terre?

Que devient la *houille* quand on l'éteint avant qu'elle soit consumée?

Le *coke* peut-il brûler? produit-il de la fumée? de la flamme?

LE SEL.

Quand vous mettez un morceau de sucre dans un verre d'eau, vous le voyez diminuer peu à peu et disparaître. Pourtant il n'est pas détruit, ce sucre, et la preuve, c'est que si vous buvez cette eau vous lui trouvez le goût du sucre : le sucre existe donc toujours, il est seulement *dissous* dans l'eau, c'est-à-dire qu'il s'est étendu, et mêlé à toutes les parties de cette eau.

De même, mes enfants, quand nous mettons dans l'eau une pincée de sel, le sel aussi disparaît, et se dissout dans l'eau. Il n'est pas détruit non plus, car en goûtant l'eau vous lui trouvez un goût salé.

Dissoudre une chose, c'est donc la plonger dans l'eau, ou dans un autre liquide, où elle peut s'étendre, en se divisant jusqu'à disparaître. Toutes les matières ne peuvent pas se dissoudre dans l'eau; quelques-unes seulement s'y *dissolvent*.

Maintenant prenez de l'eau salée, de l'eau qui contient du sel, mettez-la sur le feu dans un vase. Que va-t-il se passer? L'eau va s'échauffer peu à peu, bouillir, et s'en aller en vapeur. Mais le sel, lui, ne s'en va pas en vapeur ; et quand toute l'eau sera évaporée, le sel restera tout seul au fond du vase. Il se desséchera, et redeviendra semblable à ce qu'il était avant d'être dissous dans l'eau : l'eau est partie, le sel est resté. Ce qui prouve, mes chers enfants, que les choses qui disparaissent à nos yeux ne sont pas pour cela détruites, parce que *nulle matière ne peut être détruite.*

L'eau de la mer est salée : il y a donc du sel dissous dans l'eau de la mer. Si nous faisons évaporer de l'eau de mer sur le feu, le sel contenu dans cette eau nous restera, et nous pourrons le recueillir pour notre usage.

C'est ainsi qu'on agit quelquefois pour avoir du sel; on fait évaporer dans de grandes chaudières l'eau salée de la mer, ou de certains lacs salés. Le feu n'est pas absolument nécessaire pour que l'eau s'en aille en vapeur : la chaleur suffit, de quelque source qu'elle vienne. Vous vous souvenez que nous vous avons dit : l'eau exposée à l'air s'évapore peu à peu, surtout quand il fait chaud.

Dans certains pays on fait entrer l'eau de la mer dans des bassins larges et peu profonds, où elle forme de petits étangs. Cette eau exposée à la chaleur du soleil s'évapore lentement, et

le sel reste au fond des bassins où on le recueille avec des râteaux de bois. Ces bassins
s'appellent des *salines*, c'est-à-dire des endroits

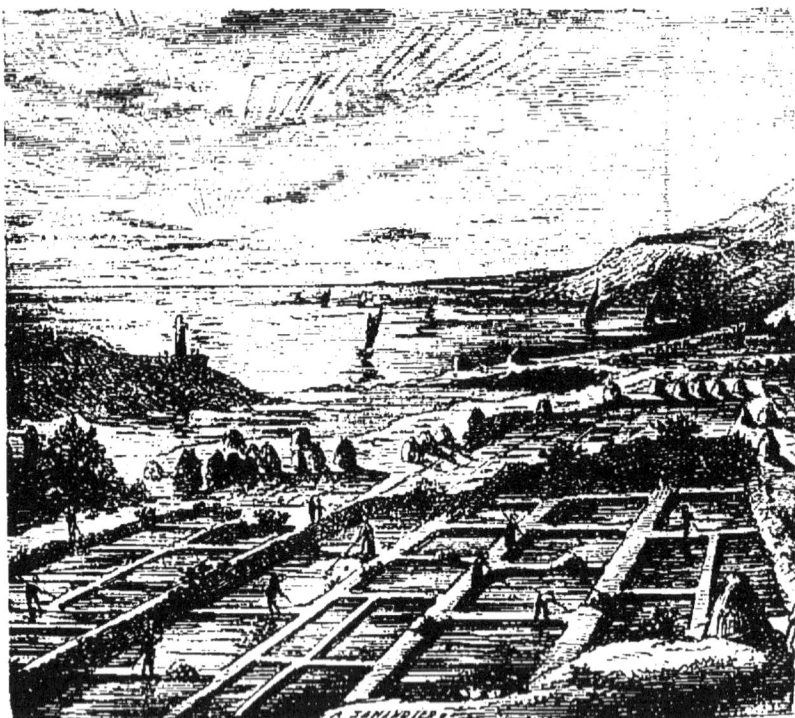

Salines ou marais salants

disposés pour recueillir le sel marin. On les
appelle aussi des marais salants.

C'est donc de la mer que nous vient le sel.
Dans certains pays il y en a aussi de grands
amas sous la terre; non pas du sel fin en petits grains comme on le sert sur la table, mais

du sel en gros blocs, durs comme de la pierre.
Pour le retirer de la terre on s'y prend absolument comme pour retirer le minerai. Il y a donc
des *mines de sel*, comme il y a des mines de fer
et des mines de charbon. Le sel qu'on retire
de ces mines se nomme du *sel gemme;* il est
absolument semblable au sel de la mer, il a le
même goût, et sert aux mêmes usages.

A quoi donc sert le sel ?

Vous savez, mes enfants, qu'on en met dans
nos aliments; il les rend plus agréables et plus
salubres. On met aussi du sel dans la nourriture qu'on donne aux bestiaux, et pour la même
raison. Le sel a encore une autre utilité. Vous
savez que la viande, le poisson, ne se conservent
pas longtemps bons à manger; si on tarde plus
qu'il ne faut ils se corrompent, c'est-à-dire
prennent une odeur désagréable et deviennent
malsains. Pourtant il serait bien utile de pouvoir conserver de la viande ou du poisson, de
pouvoir en envoyer au loin, et en faire provi-
sion. Voilà ce qu'on fait alors : on couvre de sel
la viande ou le poisson que l'on veut conserver. La viande et le poisson ainsi salés, se conservent très longtemps, parce que le sel les
empêche de se gâter.

Qu'est-ce que faire *dissoudre* une chose ?

Toutes les matières peuvent-elles se dissoudre dans l'eau ?

Qu'arrive-t-il si on fait évaporer de l'eau salée ?

Quand on fait dissoudre dans l'eau du sel ou du sucre ce sel ou ce sucre est-il détruit ?

Une matière peut-elle être détruite ?

D'où retire-t-on le sel ?

Comment retire-t-on le sel de l'eau salée de la mer, ou des salines ?

Est-il nécessaire de chauffer cette eau avec du feu, pour qu'elle s'évapore et laisse déposer le sel ?

Y a-t-il aussi du *sel* dans la terre, en certains endroits ?

Comment fait-on pour l'extraire ?

A quoi sert le sel ?

Quelles qualités le sel donne-t-il à nos aliments et à ceux des animaux ?

Pourquoi le sel que nous mêlons à nos aliments est-il appelé *sel marin ?*

LEÇONS PRÉPARATOIRES

A L'ÉTUDE DE L'HYGIÈNE

***

I. La vie.

Avez-vous jamais réfléchi, mes enfants, à tout ce que vous faites pendant la journée ? Pour commencer par ce que vous faites le plus volontiers : vous jouez, vous courez, vous sautez, vous vous ébattez de mille manières. Puis vous regardez autour de vous, vous examinez, vous entendez ; vous parlez, — et même quelquefois un peu trop.

Quand on vous explique quelque chose, vous pensez à ce qu'on vous dit, — pas toujours assez, car votre petite tête est encore un peu légère. Ce n'est pas tout : quand arrive la fin du jour, si vous avez bien rempli vos devoirs, vous êtes contents et joyeux. Vous allez em-

brasser votre mère, vous asseoir sur ses ge-
noux; alors vous sentez que vous êtes capables
d'autre chose encore que de jouer, et même de
penser et d'étudier, vous sentez que vous ai-
mez beaucoup votre mère : vous êtes capables
d'aimer.

Voilà, mes chers enfants, ce qui occupe
maintenant votre existence. Plus tard, vous
travaillerez pour être utiles.

Mais pour pouvoir agir, penser, aimer, que
faut-il tout d'abord? quelle est la condition indispensable pour être capable de faire tout cela?
Il faut vivre, il faut posséder la *vie*. Les choses
qui ne sont point vivantes ne peuvent ni agir,
ni sentir, ni comprendre, ni aimer. La vie vous
a été donnée par Dieu afin que vous puissiez
faire toutes ces actions, connaître ce qui est
juste, aimer et faire ce qui est bien.

Pour pouvoir agir, travailler, penser, que faut-il?
A quoi devons-nous employer notre vie?

II. L'alimentation.

Pour conserver la vie que nous tenons de Dieu, nous devons l'entretenir.

Et que faut-il pour entretenir notre vie ? Oh ! bien des choses.

D'abord, nous devons nous *nourrir;* c'est pour cela, mes enfants, que nous sommes obligés de *manger* et de *boire*. Les choses qui servent à notre nourriture se nomment des *aliments*.

Quand il y a déjà quelque temps que vous avez mangé, vous sentez la *faim*, c'est-à-dire que vous sentez le besoin de prendre des aliments; vous éprouvez le désir de manger. Et quand il y a longtemps que vous avez bu, vous sentez le besoin de boire; vous avez *soif*, c'est-à-dire que vous éprouvez le désir de boire. La faim et la soif sont donc des avertissements qui nous font connaître quand nous avons besoin de manger et de boire pour conserver notre vie.

Si nous n'avions pas d'aliments quand nous éprouvons le besoin de boire et de manger, nous souffririons beaucoup, nous deviendrions faibles, puis malades; et si cela durait seulement

quelques jours, nous finirions par en mourir.
Quand, au contraire, nous avons mangé et bu
selon notre besoin, nous cessons d'avoir faim
et soif, nous nous sentons forts et bien por-
tants.

Nous disons : manger *selon notre besoin;* on
peut donc manger au delà de son besoin? Sans
doute. Combien y a-t-il d'enfants gourmands
qui mangent ou boivent plus qu'il n'est nécessaire, et auxquels il arrive..., quoi? vous le
savez, ils deviennent malades.

Ils sont coupables ceux-là, mes enfants, parce
que en buvant ou mangeant trop, au lieu d'entretenir leur vie, ils font justement ce qu'il faut
pour détruire leur santé.

Que faut-il faire, d'abord, pour entretenir sa vie?
Qu'appelle-t-on *aliments?*
Qu'est-ce que la faim? la soif?
Qu'est-ce qui nous avertit quand il est temps de manger?
de boire?
Qu'arrive-t-il quand on a mangé et bu assez?
Et si on mangeait, ou buvait plus qu'il n'est nécessaire
pour contenter sa faim et sa soif, qu'arriverait-il?
Pourquoi est-on coupable quand on mange ou qu'on
boit trop?

III. L'alimentation (suite).

On vient de vous donner un beau fruit ; ce fruit est un aliment, vous allez le manger. Mais vous ne l'avalerez pas tout d'une pièce : ce serait impossible, il est trop gros.

Vous mordez dans ce fruit, c'est-à-dire que vous en coupez un morceau avec vos dents. Remarquez que c'est avec les petites dents tranchantes du devant de la bouche que vous détachez ce morceau. Ces dents, qui *coupent,* sont appelées à cause de cela des *incisives.*

Puis, avant d'avaler chaque morceau de pomme, vous faites encore autre chose : avec les grosses dents du fond de la bouche qu'on appelle *molaires* (du mot : *meule*), vous broyez, vous *mâchez* ce morceau. Pourquoi le mâchez-vous ainsi ? C'est que si la pomme n'était pas écrasée et réduite en pâte, vous ne pourriez l'avaler.

Il y a des aliments auxquels il ne suffirait pas d'être broyés entre nos dents : ainsi la viande, le poisson, presque tous les légumes. Ceux-là nous les mettons sur le feu pour que la chaleur les ramollisse : nous les faisons cuire.

Voilà votre bouchée avalée. Elle a disparu au fond de votre bouche, par une ouverture en forme d'entonnoir; puis elle est descendue intérieurement par un canal étroit, pour aller dans un petit sac, où descend tout ce que nous mangeons et tout ce que nous buvons : ce petit sac, c'est ce qu'on nomme l'*estomac*.

Et que va devenir cette bouchée une fois rendue dans l'estomac? Elle va être *digérée*, c'est-à-dire travaillée de manière à nous faire du *sang*.

C'est donc uniquement pour nous faire du sang que nous buvons et que nous mangeons.

Que faut-il faire, avant d'avaler la nourriture?

Touchez vos *incisives*. A quoi servent-elles?

Indiquez vos dents *molaires*. — A quoi servent les dents molaires?

Quand la nourriture a été broyée par les dents, où va-t-elle?

Quelle forme a l'estomac?

Que produit la nourriture quand elle a été digérée?

IV. Le sang.

Vous êtes-vous quelquefois piqués avec une aiguille ou une épine de rosier? Alors vous avez vu couler quelques gouttes de votre sang. Partout où vous vous faites une blessure, à la main, à la jambe, peu importe, votre sang coule, il y a donc du sang dans tout notre corps? Oui, mes enfants, il y en a même beaucoup; aussi peut-on en perdre quelques gouttes sans danger; mais si nous en perdions une grande quantité, cela nous affaiblirait, nous rendrait malade, et même nous pourrions en mourir.

Que fait le sang dans notre corps? A quoi nous sert-il? Oh! c'est un travailleur bien actif, toujours en mouvement; sans lui notre vie s'éteindrait. Vous allez comprendre pourquoi.

Imaginez-vous une nombreuse famille réunie autour de la table pour le repas. Il faut que personne ne manque de pain, de viande, de boisson, il faut que chacun ait sa part. Pour cela, un serviteur va, vient, circule tout autour de la table, et porte à chaque convive ce qu'il lui faut. Eh bien, les parties de notre corps sont comme ces convives, chacune d'elles a besoin d'être servie, nourrie; et le sang est le serviteur qui circule dans notre corps, pour porter à toutes ses parties l'aliment dont elles ont besoin.

Voilà ce que fait le sang; mais ce n'est pas seulement à l'heure des repas qu'il circule; il est toujours en mouvement. Il va et vient continuellement d'une extrémité de notre corps à l'autre; il ne s'arrête ni le jour, ni la nuit; s'il s'arrêtait, nous péririons sur-le-champ.

Y a-t-il du sang dans tout notre corps?
Ce sang y est-il immobile?
Pourquoi le sang circule-t-il?

V. La respiration.

Vous mangez, mes chers enfants, trois ou quatre fois par jour, cela vous suffit; mais pour entretenir votre vie, il est encore une autre chose qui vous est indispensable : il faut faire pénétrer en vous l'air dans lequel nous vivons tous; et c'est pour cela que vous *respirez*.

Lorsque vous respirez, que faites-vous? observez un instant : chaque fois, vous avalez de l'air; puis aussitôt vous soufflez, vous renvoyez l'air que vous aviez *aspiré*, pour en aspirer d'autre. Vous respirez ainsi continuellement, jour et nuit, sans avoir besoin d'y penser.

Quand nous disons *avaler de l'air*, cela ne veut pas dire que l'air passe par le même canal que les aliments, et va dans votre estomac : non. Il passe par un autre canal, et va à l'intérieur de votre poitrine, dans vos *poumons*, pour aider, lui aussi, à former votre sang.

L'air est donc indispensable à la vie, aussi indispensable que les aliments. S'il n'y avait pas d'air autour de vous, ou si l'air ne pouvait entrer dans vos poumons, si par exemple on vous serrait la gorge, vous péririez étouffés. Si vous tombiez au fond de l'eau, vous ne pourriez plus respirer; vous péririez noyés, parce que l'air vous manquerait.

En chantant, en parlant, vous soufflez l'air qui est dans vos poumons. Mais quand cet air est sorti, il faut en reprendre d'autre, il faut respirer de nouveau.

C'est pour marquer les endroits où il faut s'arrêter dans une lecture, pour reprendre du souffle ou de l'air, afin de pouvoir continuer de lire, qu'on met dans les livres des virgules et des points. Dans la musique, on emploie aussi des signes pour indiquer à quel moment, quand on chante, il faut s'arrêter pour reprendre haleine; ces signes s'appellent des *pauses,* des *soupirs, demi-soupirs,* etc.

Qu'est-ce que respirer?

L'air qu'on respire va-t-il dans l'estomac, comme les aliments?

Où va-t-il? — Où sont nos *poumons?*

Pourquoi meurt-on quand on coule au fond de l'eau?

A quoi sert l'air que nous respirons?

L'air est-il indispensable à la vie?

Si vous ne pouviez pas respirer, qu'arriverait-il?

Pour parler, faut-il souffler de l'air?

Pourquoi faut-il s'arrêter en parlant ou en chantant?

Comment appelle-t-on les signes qu'on met dans la lecture, à l'endroit où il faut s'arrêter pour respirer? — Et, dans la musique, comment appelle-t-on les signes qui marquent où il faut, en chantant, se reposer et respirer?

VI. L'exercice.

Avez-vous observé, mes chers enfants, avec quelle facilité tout votre corps se meut? Ainsi vous pouvez vous plier en deux et vous redresser; tourner la tête à droite et à gauche, la lever pour regarder en haut, l'abaisser pour regarder à terre. Puis vos bras, vos mains, vos jambes, vos pieds font tous les mouvements que vous voulez; seulement, remarquez que vos membres n'ont pas tous les mêmes mouvements à exécuter. Les mains et les bras sont faits pour prendre, les jambes et les pieds pour marcher et courir, c'est-à-dire pour vous transporter d'une place à l'autre suivant votre volonté.

Aussi voyez, mes enfants, comme la forme de vos membres est bien en rapport avec ce qu'ils ont à faire : vos bras sont assez longs pour pouvoir atteindre à une certaine distance; ils peuvent se plier à l'épaule et au coude pour

entourer les choses que vous voulez prendre ou
soulever. Vos doigts se plient aussi pour saisir
délicatement les petits objets; le pouce, qui est
plus court et plus fort, est *opposable* aux autres
doigts, c'est-à-dire qu'il peut se placer en face
d'eux, de sorte que l'objet que l'on tient est serré,
palpé des deux côtés. Vos jambes sont plus grosses que vos bras, parce qu'il faut qu'elles soient
fortes pour pouvoir vous porter. Vos pieds sont
disposés pour s'appuyer sur la terre; ils ont des
doigts aussi : mais comme les doigts des pieds
ne sont pas faits pour prendre, ils sont courts
et ne plient pas beaucoup. Remarquez que le
pouce du pied ne se retourne pas, comme celui
de la main, pour s'opposer aux autres doigts.
Les doigts des pieds s'appellent des *orteils*.

Vos membres ne sont pas encore très forts,
chers enfants, parce que vous êtes petits; mais
vous grandissez tous les jours un peu, et si
vous voulez que vos bras deviennent vigoureux
pour le travail, vos jambes solides pour la
marche, il faut les faire servir, les habituer à
se mouvoir : cela s'appelle faire de l'*exercice*.
C'est en exerçant ses bras et ses jambes qu'on
leur donne de la force et de la souplesse.

Mais ce n'est pas assez d'être fort, il faut aussi

être adroit de ses mains. Pour le devenir, *exercez* vos mains à travailler, et à *bien travailler*.

Grandir, devenir vigoureux et adroits, travailler, c'est nécessaire, n'est-il pas vrai? mais est-ce tout? Oh non! il faut encore et surtout devenir instruits, laborieux, honnêtes et bons : il faut *agrandir son esprit*. Et comment peut-on agrandir l'esprit? C'est encore par l'exercice, par l'exercice de l'esprit lui-même. C'est en se servant de ses membres qu'on les rend vigoureux; et c'est en se servant de son intelligence qu'on la fortifie et qu'on l'agrandit. Exercer l'esprit, mes enfants, c'est observer, réfléchir, et *apprendre*.

Quand nous disons que le pouce de notre main est *opposable* aux autres doigts, qu'est-ce que cela veut dire?

Le pouce du pied est-il aussi opposable aux autres doigts?

Comment appelle-t-on les doigts des pieds?

Que faut-il faire pour que nos membres deviennent forts?

Que faut-il faire pour que nos mains deviennent adroites?

Est-ce tout, pour des enfants, de grandir, de devenir vigoureux et adroits?

Comment peut-on agrandir son intelligence?

FIN.

TABLE DES MATIÈRES.

LE RÈGNE ANIMAL.

LE RÈGNE VÉGÉTAL.

LA VIE DES PLANTES.

PETITES LEÇONS PRÉPARATOIRES A L'ÉTUDE DE L'HYGIÈNE.

FIN.

881-08. — Coulommiers. Imp. PAUL BRODARD. — P0-08.

COURS D'ÉDUCATION ET D'INSTRUCTION

Par Mme PAPE-CARPANTIER

A L'USAGE DES ÉCOLES ET DES FAMILLES

Les volumes destinés aux élèves sont imprimés dans le format grand in-18, contiennent des gravures, et se vendent cartonnés.

CE COURS COMPREND DEUX ANNÉES PRÉPARATOIRES
UNE PÉRIODE ÉLÉMENTAIRE ET UNE PÉRIODE MOYENNE

PREMIÈRE ANNÉE PRÉPARATOIRE (de 5 à 7 ans).

Manuel des maîtres, comprenant : l'exposé des principes de la pédagogie naturelle et le guide de la première année. 2 fr. 50

Enseignement de la lecture, à l'aide du procédé phonomimique de M. Grosselin. 50 c.

Tableaux (30) reproduisant la méthode. 3 fr.

Enseignement de la lecture, Exercice complémentaire. 1 vol 30 c.

Petites lectures morales; premières notions de grammaire. 50 c.

Premières notions d'arithmétique, de géométrie et du système métrique. 50 c.

Premières notions de géographie et d'histoire naturelle. 75 c.

DEUXIÈME ANNÉE PRÉPARATOIRE (de 7 à 8 ans).

Lectures morales et instructives; grammaire. 1 vol. 1 fr.

Géographie : premières notions

sur quelques phénomènes naturels. 75 c.

Histoire naturelle; leçons préparatoires à l'étude de l'hygiène. 1 fr.

PÉRIODE ÉLÉMENTAIRE (de 8 à 10 ans).

Manuel des maîtres, guide de la période élémentaire. 2 fr. 50

Grammaire accompagnée d'exercices; lectures et dictées, 2 fr. 50

Arithmétique; géométrie; système métrique. 1 fr. 50

Premiers éléments de cosmographie; géographie. 1 vol. 1 fr. 50

Histoire naturelle. 1 fr. 50

Premières notions d'hygiène, de physique et de chimie. 1 fr.

PÉRIODE MOYENNE (de 10 à 12 ans).

Grammaire, accompagnée de dictées-exercices. 1 fr. 50

Éléments de cosmographie; géo-

graphie de l'Europe. 2 fr. 50

Arithmétique; système métrique; géométrie; dessin. 2 fr.

831-08. — Coulommiers. Imp. PAUL BRODARD. — 9-03.

www.ingramcontent.com/pod-product-compliance
Lightning Source LLC
Chambersburg PA
CBHW071912200326
41519CB00016B/4581